Hicham El Ossmani

La Génétique de Rabat entre l'Andalousie et le Moyen Orient

Hicham El Ossmani

La Génétique de Rabat entre l'Andalousie et le Moyen Orient

Structure génétique et phylogénétique de Rabat en utilisant 15 microsatellites dans un contexte régionale et mondiale

Éditions universitaires européennes

Impressum / Mentions légales
Bibliografische Information der Deutschen Nationalbibliothek: Die Deutsche Nationalbibliothek verzeichnet diese Publikation in der Deutschen Nationalbibliografie; detaillierte bibliografische Daten sind im Internet über http://dnb.d-nb.de abrufbar. Alle in diesem Buch genannten Marken und Produktnamen unterliegen warenzeichen-, marken- oder patentrechtlichem Schutz bzw. sind Warenzeichen oder eingetragene Warenzeichen der jeweiligen Inhaber. Die Wiedergabe von Marken, Produktnamen, Gebrauchsnamen, Handelsnamen, Warenbezeichnungen u.s.w. in diesem Werk berechtigt auch ohne besondere Kennzeichnung nicht zu der Annahme, dass solche Namen im Sinne der Warenzeichen- und Markenschutzgesetzgebung als frei zu betrachten wären und daher von jedermann benutzt werden dürften.

Information bibliographique publiée par la Deutsche Nationalbibliothek: La Deutsche Nationalbibliothek inscrit cette publication à la Deutsche Nationalbibliografie; des données bibliographiques détaillées sont disponibles sur internet à l'adresse http://dnb.d-nb.de.
Toutes marques et noms de produits mentionnés dans ce livre demeurent sous la protection des marques, des marques déposées et des brevets, et sont des marques ou des marques déposées de leurs détenteurs respectifs. L'utilisation des marques, noms de produits, noms communs, noms commerciaux, descriptions de produits, etc, même sans qu'ils soient mentionnés de façon particulière dans ce livre ne signifie en aucune façon que ces noms peuvent être utilisés sans restriction à l'égard de la législation pour la protection des marques et des marques déposées et pourraient donc être utilisés par quiconque.

Coverbild / Photo de couverture: www.ingimage.com

Verlag / Editeur:
Éditions universitaires européennes
ist ein Imprint der / est une marque déposée de
OmniScriptum GmbH & Co. KG
Heinrich-Böcking-Str. 6-8, 66121 Saarbrücken, Deutschland / Allemagne
Email: info@editions-ue.com

Herstellung: siehe letzte Seite /
Impression: voir la dernière page
ISBN: 978-613-1-51558-3

Zugl. / Agréé par: El Jadida, Université Chouaîb Doukkali, Faculté des Sciences, Thèse, 2009

" من لا يعرف أصله، لا يمكنه أن يعلم إلى أين هو ماض"

"Weni wayesinen manis id̦yossa, Waytessen mani yoga razadt"

Celui qui ne sait pas d'où il vient, ne sait pas non plus où il ira.

<u>*Patrimoine*</u>

A la mémoire de mes grands parents
Ils ont été et resteront un modèle pour moi. Mes actions, mes pensées, mes gestes sont "imprégnés" d'eux.

A mes parents
Leur soutien, leur patience, leur confiance, leur générosité et leur tendresse immense sont le moteur de mon avancée.

A mes frères Abdel Jalal, Nabil, Merouan, Alae et ma sœur Mounia
A ma Femme Karima
A mes nièces Sahar et Goufrane
A Riad et bilal les petits bourgeons de la famille qui vont devenir des hommes inchaa lah.

A la famille Amaetchou
A la famille Boubnane
A la famille El Aouji
A la famille Chabot

A la famille Touri
A la famille Bechar
A la famille Mekaoui
A la famille lmekadmi

A la famille El Malki
A la famille Nahdi
A la famille Ejedraoui
A la famille El Maetaoui
A la famille Chakir

A Tous Mes Amis et Mes Collègues.

Table des matières

Avant de présenter le contenu de ce manuscrit, je souhaiterais en présenter le « contenant ». Selon notre petite expérience, les publications et les communications scientifiques ne constituent pas seulement un moyen de diffuser ses résultats au sein de la communauté scientifique mais aussi une façon de travailler pour obtenir ses résultats. La perspective d'avoir à présenter des données oblige à penser aux critiques éventuelles d'un lecteur ou d'un auditeur et ainsi d'affiner l'analyse et de pousser plus loin la réflexion. La présentation des données à des collègues au laboratoire, à des congrès ou à des référées lors d'un processus de soumission d'article, permet de recevoir des critiques et commentaires auxquels on n'avait pas pensé et ainsi d'améliorer la réflexion et de compléter l'analyse. Au bout du compte, en s'attachant à avoir cette démarche, il se trouve que la quasi-totalité des résultats obtenus pendant ces travaux ont fait l'objet d'articles et de communications scientifiques. La logique aurait donc voulu que je rédige ce livre « sur articles ». Un manuscrit « sur articles » a l'avantage de présenter des textes qui, en principe, ont déjà été optimisés pour présenter des résultats en peu de pages et façon claire. Cependant, certains des articles mentionnés ont été écrits en début de ce travail, d'autres à la toute fin. Durant ce laps de temps, de nouvelles données ont été obtenues, de nouveaux articles sur le sujet ont été publiés, faisant évolué ma vision des choses. Il devenait alors intéressant de faire l'effort de présenter tous les résultats avec le même angle de vue.

En fait ce travail a fait l'objet de plusieurs travaux scientifiques, publiés dans plusieurs revues et communiqués dans différentes congrès scientifiques nationaux et internationaux à savoir :

"Publications"

➢ **El Ossmani, H.,** Bouchrif, B., Talbi, J., El Amri, H. et Chafik, A., La diversité génétique de 15 STR chez la population arabophone de Rabat-Salé-Zemmour-Zaër, Antropo 2007. 15, 55-62. www.didac.ehu.es/antropo.

➢ **El Ossmani, H.,** Bouchrif, B., Glouib, K., Zaoui, D., El Amri, H. et Chafik, A, Etude du polymorphisme des groupes sanguins, (ABO, Ss, Rhésus et Duffy) chez la population arabophone du plateau de Beni Mellal. 2008, Lebanes Sciences Journal. 9, 17-28.

➢ **El Ossmani, H.,** Talbi, J., Bouchrif, B. and Chafik, A., Contribution dans la base de données des profils d'ADN nucléaire des arabophones et des berbérophones marocains (408 individus) à la base de données. 2008, mois Juillet, Omnipop.

➢ **El Ossmani, H.,** Bouchrif, B., Talbi, J. et Chafik, A., Exploitation de 15 STRs autosomaux pour l'étude phylogénétique de la population Arabophone de Rabat-Salé-Zemmour-Zaër (Maroc). Antropo. 2008. 17, 15-23. www.didac.ehu.es/antropo.

> **El Ossmani, H.,** Talbi, J., Bouchrif, B. and Chafik, A. Allele frequencies of 15 autosomal STR loci in the southern Morocco population with phylogenetic structure among worldwide populations, Legal Medicine, 2009. 11, 155-158.

"Communications"

> Chafik, A., **El Ossmani, H**. Etude du polymorphisme des marqueurs des systèmes sanguins chez la population du plateau de Beni Mellal. *First International Congress of Biological and Cultural Anthropology*, 2003, Monastir, Tunisia, pp. 45.

> **El Ossmani, H.,** Chafik, A., Zaoui, D. Caractérisation anthropogénétique de la population arabophone de Beni Mellal en utilisant les dermatoglyphes. *XXVIème colloque, GALF*, Marrakech 22-25 Septembre 2003, Maroc.

> **El Ossmani, H.,** Chafik, A. et El Amri, H., Etude du polymorphisme des groupes sanguins, (ABO, Rhésus et Duffy) chez la population arabophone du plateau de Beni Mellal. Etude comparative avec les populations Arabes et Berbères de l'Afrique de Nord et du Moyen Orient. *Premières Journées Scientifiques de Génétique Médicale, Rabat*, 7-8 Février 2005.

> Chafik, A et **El Ossmani, H.,** Analyse du polymorphisme des dermatoglyphes chez la population arabe de Beni Mellal. Etude comparative à l'échelle de la méditerranée. 17-18 Mai 2005 *Congrès international de l'Environnement et le Milieu. Tlemcen*, Algérie.

> Chafik, A., **El Ossmani, H.,** Zaoui, D et El Amri H., Etude du polymorphisme des groupes sanguins (ABO, Rhésus, Ss et Duffy) chez la population marocaine du plateau de Beni Mellal. Genève, Suisse 31 Mai-2 Juin 2006, *28ème congrès international du GALF* (Genève, Suisse).

> **El Ossmani, H.,** Chafik, A. et El Amri, H. Study of the polymorphism of the blood groups, (ABO, Ss, Rhesus and Duffy) at the population Arabic-speaking person of the plate of Beni Mellal. *22nd Congress of the International Society for Forensic Genetics*, 21-25 August 2007- Copenhagen- Denmark.

> **El Ossmani, H.,** Talbi, J., El Amri, H., Bouchrif, B. et Chafik, A. Etude phylogénétique régionale et mondiale de la population Arabophone de Rabat-Salé-Zemmour-Zaër (Maroc) en utilisant 15 STRs autosomaux. *$4^{éme}$ Congrés International de Génétique et Biologie Moléculaire et de Biotechnologie*, 06-08 Novembre 2008 Ouarzazate, Maroc

> **El Ossmani, H.,** Talbi, J., El Amri, H., Bouchrif, B. et Chafik, A. Situation anthropogénétique des berbèrophones d'Azrou. *$4^{éme}$ Congrés International de Génétique et Biologie Moléculaire et de Biotechnologie*, 06-08 Novembre 2008 Ouarzazate, Maroc.

> Talbi, J., **El Ossmani, H.,** et Chafik, A. Introduction d'une correction mathématique à la formule d'estimation de la proportion d'homozygotie dans les populations humaines. *$4^{éme}$ Congrés International de Génétique et Biologie Moléculaire et de Biotechnologie*, 06-08 Novembre 2008 Ouarzazate, Maroc.

> Talbi, J., **El Ossmani, H.,** et Chafik, A. Apport des patronymes et de l'isonymie dans l'appréciation de la structure génétique des populations (Cas de quatre populations

marocaines). *4ᵉᵐᵉ Congrés International de Génétique et Biologie Moléculaire et de Biotechnologie*, 06-08 Novembre 2008 Ouarzazate, Maroc.

- **El Ossmani, H.**, Talbi, J., Bouchrif B., Zaoui D. et Chafik, A. Des groupes sanguins aux STRs du kit Identifiler chez la population arabophone du Maroc Méridional. Le XXIXème colloque du Groupement des Anthropologistes de Langue Française (GALF) 2009, 27 au 30 Mai à Bordeaux France .

- **El Ossmani, H.**, Bouchrif, B., Glouib, K., Zaoui, D., El Amri, H. et Chafik, A, Caractérisation de la structure génétique et phylogénétique de la population arabophone de Beni Mellal, en utilisant les groupes, (ABO, Ss, Rhésus et Duffy). Place de la toxicologie au sein des sciences forensiques, le 27 mai 2009 au siége du conseil national de l'ordre des médecins, Rabat.

- **El Ossmani, H.**, El Amri, H., Talbi. J., Bouchrif, B. et Chafik, A, Situation anthropogénétique et phylogénétique des berbérophones d'Azrou en utilisant les 15 STRs du kit Identifiler. Place de la toxicologie au sein des sciences forensiques, le 27 mai 2009 au siége du conseil national de l'ordre des médecins, Rabat.

- **El Ossmani, H.**, Gazzaz, B., El Harrak El Hajri, A. and El Amri, H. First identification of human remains using mtDNA sequence analysis in genetic laboratory of Royal Gendarmerie in Morocco.. *23ⁿᵈ Congress of the International Society for Forensic Genetics*, 14-18 Septembr 2009- Buenos Aires Argentina.

- **El Ossmani, H.**, El Amri, H, Talbi..J., Bouchrif. B., Gazzaz. B., Zaoui. D. and Chafik A. Phylogenetic position of Berber-speaking population of Azrou using 15 STRs of Identifiler. *23ⁿᵈ Congress of the International Society for Forensic Genetics*, 14-18 Septembr 2009- Buenos Aires Argentina.

Carte 1 : Le Maroc et la richesse ethnique

www.maroc.guideof.com/InfoGene/Carte/.

INTRODUCTION GENERALE

Le brassage des gènes entre les différentes populations mondiales a suscité l'intérêt des anthropologues depuis l'émergence de la théorie de l'effet fondateur et de celle de la dérive génétique. Plusieurs types d'informations et différentes méthodes permettent d'apprécier l'hétérogénéité au sein d'une population (Verrier et al, 2005). Les études portaient et portent encore sur l'origine géographique des individus pour définir l'état du substratum génétique des populations et apprécier les affinités génétiques entre les groupes. En effet, les groupes géographiquement proches sont aussi génétiquement similaires et lorsque la distance géographique augmente, la différence génétique entre les populations devient plus importante (Calafell et al, 2000 ; Rosenberg et al, 2002).

Par rapport au reste des populations qui définissent la carte phylogénétique mondiale, la population marocaine occupe plutôt une situation particulière étant donné sa mosaïque ethnique. Avec une histoire profonde de métissage alimentée par les flux migratoires divers et intenses qui ont réaménagé le substratum de la population dite autochtone (berbère), les barrières génétiques entre les différents groupes ethniques qui constituent cette population et encore entre celle-ci et les populations avoisinantes sont devenues très floues. Les facteurs socioculturels sont, ainsi, devenu encore plus discriminants que la biologie et, désormais, en parle d'arabophones, de berbérophones, d'hispaniques…

Retracer les origines des peuples et comprendre leur évolution ont toujours été des sujets fascinants pour les anthropologues dès le début du XXème siècle. Au Maroc, l'appréciation du degré de parenté entre les arabophones et les berbérophones est une question qui a été longuement débattue dans plusieurs articles, en se basant sur des marqueurs classiques tels que les groupes sanguins, les protéines sériques, les dermatoglyphes ainsi que les enzymes érythrocytaires (Kandil et al, 1999 ; Harich et al, 2002 ; Chafik et al, 2002 ; Sabire et al, 2004 ; El Ossmani et al, 2008a). Les récents progrès techniques de la biologie moléculaire sont venus ajouter une pierre à l'édifice via une description pertinente de la diversité génétique des populations humaines tout en abondant peu à peu les marqueurs dits classiques. Associées aux données rapportées par les archéologues, les paléontologues et même les linguistes, cette description génétique offre des possibilités inégalées de reconstruire l'histoire évolutive de l'Homme. Tel est le principal défi relevé par les anthropobiologistes.

Plusieurs études ont été réalisées sur des populations arabophones et berbérophones de différentes régions du Maroc, dans le but de leur caractérisation et situation anthropogénétique au sein du bassin Méditerranéen (Perez-Lezaun et al, 2000; Bosch et al, 2001; Dios et al, 2001; Abdin et al, 2003; Jauffrit et al, 2003; Coudray et al, 2007; Bouabdellah et al, 2008). Ce genre d'études est censé, en effet, définir les flux migratoires et les affinités génétiques qu'ont eues ces différentes populations au cours du temps. L'hétérogénéité des flux migratoires se traduit par l'instabilité de la position phylogénétique de la population marocaine lors des travaux fragmentaires antérieurement réalisés sur cette population qui, tantôt, se présente proche du contexte méditerranéen avec des affinités aux populations du nord et, tantôt, rejoigne les populations du Proche et Moyen-Orient. Par rapport à une population qui a tendance à conserver son patrimoine génétique via un comportement matrimonial endogame et consanguin sous le témoignage des études récemment effectuées par Talbi et al en 2006 et 2007 à travers le territoire marocain, serait-ce l'histoire qui gère le plus les affinités de cette population vis-à-vis des autres populations mondiales. La confrontation d'une approche historique à l'approche anthropogénétique pourrait confirmer cette hypothèse.

Le sujet de ce livre s'inscrit dans ce contexte multidisciplinaire pour remonter l'histoire de la dynamique des sous-populations marocaines. En effet, si les vestiges archéologiques et paléoanthropologiques mis au jour témoignent de l'ancienneté (Paléolithique) de l'occupation du Maroc par l'Homme (Taforalt, Kéfi et al, 2005, l'ancienne médina de Harhoura, ainsi que la découverte d'une mâchoire qui date de 500 000 ans du ***Homo Erectus Moretanicus*** à Casablanca), la question de l'évolution de ces groupes humains jusqu'à nos jours reste posée en raison des divers évènements préhistoriques et historiques. Au coeur même de la problématique du peuplement du Maroc, certaines populations y ont une place de premier ordre : les populations berbères. En effet, leurs ancêtres sont considérés comme les plus anciens autochtones nord-africains, sans doute depuis le Paléolithique (ou le Mésolithique avec l'industrie capsienne), mais dont la présence est incontestablement marquée au Néolithique (vers 11.000 ans BP dans les régions sahariennes et 5.000 ans BP au Maghreb). Ces hommes ont ensuite connu un passé très riche en invasions, conquêtes et tentatives d'assimilation. Ces migrations et expansions de populations ont laissé certainement, leurs empreintes dans la composition génétique des groupes marocains. Ce travail s'appuie sur cette remarque d'ordre biologique pour décrire l'influence des divers événements historiques sur le substratum génétique actuel des sous populations marocaines au visage de notre échantillon des arabophones de Rabat-Salé-Zemmour –Zaër (ARSZZ).

A travers ce travail réalisé en collaboration étroite entre plusieurs laboratoires marocains, nous allons voir comment l'exploitation des 15 marqueurs STRs (TPOX, D3S1358, FGA, D5S818, CSF1PO, D7S820, D8S1179, TH01, vWA, D13S317, D16S539, D18S51, D2S1338, D19S433 et D21S11) ont permis de reconstituer l'histoire des flux migratoires qui ont alimenté le substratum génétique des arabophones de la région de Rabat-Salé-Zemmour-Zaër.

Dans la présente étude, la description de la structure génétique de la population arabophone est basée sur la recherche de polymorphismes des microsatellites STRs du kit Identifiler, qui semble avoir un grand intérêt en anthropologie biologique pour comparer les populations humaines de différentes régions géographiques et retracer leur histoire évolutive.

Les objectifs de ce travail sont les suivants :

1. Caractériser la structure génétique le l'échantillon des ARSZZ.
2. Situer l'échantillon des ARSZZ dans un contexte phylogénétique Afro-méditerranéen   et mondial.
3. Etablir les limites de l'exploitation des 15 STRs étudiés dans le cadre de la criminalistique et démontrer leur apport comme « Empreinte Génétique Populationnelle ».

L'effort fourni pour déchiffrer le génome humain a permis le développement de nouveaux polymorphismes génétiques d'une grande capacité informative d'un point de vue anthropogénétique. Les polymorphismes de l'ADN ont réitérés les marqueurs classiques (ABO, RH, etc..) dans la reconstruction de l'histoire évolutive des populations humaines.

Dans ce travail nous avons fait appel à 15 marqueurs STRs utilisés en criminalistique pour étudier la structure génétique d'un échantillon des arabophones de Rabat-Salé-Zemmour-Zaër. Un échantillon de 204 individus a ainsi été exploité dans cette étude.

Les résultats soulignent le potentiel discriminatif important de ces marqueurs chez notre échantillon des arabophones de Rabat-Salé-Zemmour-Zaër avec des marges d'erreur faibles. Les 15 loci témoignent d'un niveau élevé d'hétérozygotie et la population semble être déviée de l'équilibre dans seulement quatre loci (vWA, TH01, D2S1338 et TPOX).

L'échantillon des arabophones de Rabat-Salé-Zemmour-Zaër s'est, ainsi, présenté partie intégrante du bassin méditerranéen, mais significativement différent des populations Sub-sahariennes, des populations de l'Asie de l'Est et des populations de l'Amérique latine.

La structure phylogénétique établie souligne une proximité de l'échantillon des arabophones de Rabat-Salé-Zemmour-Zaër des populations Nord-Africaines, des Andalous et des populations du Moyen-Orient. Il se présente en revanche très loin des populations Sub-sahariennes, Est-Asiatiques et Latino-Américaines. La carte génétique établie semble présenter un parallélisme évident avec la distribution géographique des populations introduites dans l'analyse.

L'étude géolinguistique rapporte une corrélation significative entre les divergences géographiques ou linguistiques et celles génétiques. Toutefois, les contextes géographique et linguistique semblent œuvrer en antagonisme évident. En effet, la langue rapproche les groupes géographiquement différents tout comme l'unité géographique homogénéise les groupes ressortissants de contextes linguistiques différents. Nos arabophones de Rabat-Salé-Zemmour-Zaër ne présentent, ainsi, aucun éloignement significatif des berbères Nord-Africains, mais aussi aucune discontinuité génétique par rapport aux populations du Moyen-Orient.

Mots-clés : *Rabat-Salé-Zemmour-Zaër ; Arabophone ; Phylogénétique ; STR ; Histoire ; Contexte Afro-méditerranéenne ; Contexte mondial.*

Ce travail n'aurait vu le jour sans la confiance et la patience de mon Directeur de recherche Monsieur le **Professeur Abdelaziz Chafik** qui m'a accueilli au sein de son équipe pendant ces années de thèse. Je tiens à lui exprimer toute ma reconnaissance de m'avoir encadré, conseillé et soutenu tout en me laissant travailler très librement.

Ce travail a bénéficié de la patience et des compétences de **Monsieur le Docteur Jalal Talbi**, ainsi que de sa contribution dans toutes les analyses statistiques et génétiques pour laquelle, je le remercie.

Mes plus sincères remerciements vont à Monsieur le **Professeur Driss Zaoui** qui m'a fait l'honneur d'accepter de juger mon travail et dont l'enseignement et la passion resteront des exemples pour moi.

Je remercie vivement Monsieur le **Professeur Saïd Amzazi** de l'honneur qu'il me fait en acceptant la charge de rapporteur de ma thèse. La grande estime et admiration que je lui porte m'ont naturellement conduit à solliciter son jugement.

Je remercie Monsieur le **Professeur Abderraouf Hilali** qui a eu la gentillesse d'accepter de juger mon travail.

Je remercie Monsieur le **Professeur Mohammed-Kamal Hilali** qui a eu la gentillesse d'avoir accepté de participer au jury de cette thèse

Je remercie Monsieur le **Professeur Hassan Fellah** qui a eu la gentillesse d'accepter de juger mon travail.

Je n'oublie pas de les remercier ces braves hommes et femmes jeûnes et vieux, qui ont accepté volontairement de participer à ce travail en nous laissons prélever quelques ml de leurs sang précieux. Sans eux ce travail de recherche n'aurait vu le jour.

Merci à ceux qui étaient mes collègues et qui sont aujourd'hui des amis précieux. Ces personnes exceptionnelles se reconnaîtront car ils m'ont inlassablement encouragé, supporté et soutenu en participant aux moments joyeux et aux épreuves dures de ma vie. Merci à la Gendarmerie Royale du Maroc, au Ministère de l'Intérieur, au Ministère de la Santé et au Ministère de l'Education Nationale, de l'Enseignement Supérieur, de la Formation des Cadres et de la Recherche Scientifique pour le soutien scientifique et logistique qui a rendu possible la réalisation de ce travail.

Chapitre 1
Le contexte linguistique, historique et culturel de la population marocaine et de la région de Rabat-Salé-Zemmour-Zaër.

I. CONTEXTE GEOGRAPHIQUE ET ADMINISTRATIF DU MAROC

Le Maroc est un État d'Afrique du Nord limité au nord par l'océan Atlantique, le détroit de Gibraltar (15 kilomètres) et la Méditerranée, à l'Est et au Sud par l'Algérie et au Sud-Ouest par la Mauritanie (Carte 2). Le Maroc est donc situé à l'extrême Nord-Ouest de l'Afrique, juste en face de l'Europe, dont il n'est séparé que par les 15 km du détroit de Gibraltar. Le Maroc fait partie des États du Maghreb dont c'est le pays le plus occidental. Le Maroc est le plus grand pays de la région après l'Algérie. A titre d'exemple, la superficie du Maroc atteint le double de celle de l'Allemagne réunifiée.

Le Maroc est découpé en wilayas, provinces et préfectures. Le Royaume du Maroc comprend 16 «régions administratives» (Carte 3) divisées en 17 wilayas, ces dernières sont subdivisées en 71 provinces et préfectures (sans compter les 1547 communes urbaines et rurales).

Afin de résoudre le problème lié au développement disproportionné des grandes villes, au début des années quatre-vingt, l'État a subdivisé l'espace urbain en plusieurs provinces dont la coordination administrative est assurée par la wilaya, alors que la représentation de la population est assurée par la Communauté urbaine. La formule de la wilaya a été appliquée à Casablanca en 1982 avant d'être étendue aux grandes villes du pays au cours des années quatre-vingt et quatre-vingt-dix (Rabat Salé, Fès, Meknès, Marrakech, Oujda, Tétouan, Agadir et Laayoune). Le Maroc qui ne comptait que 17 provinces en 1959 en compte Aujourd'hui 71 provinces et 17 wilayas (Carte 3).

Ceci étant dit, le Maroc compte quatre régions géographiques naturelles: les montagnes du Rif au Nord-Est, la côte atlantique à l'Ouest avec ses villes importantes (Agadir, Essaouira, Safi, Casablanca, Rabat, Tanger, etc.), à l'Est les montagnes du Moyen-Atlas et du Haut-Atlas, ainsi que au Sud-Ouest le Sahara Marocaine (Carte 2).

1

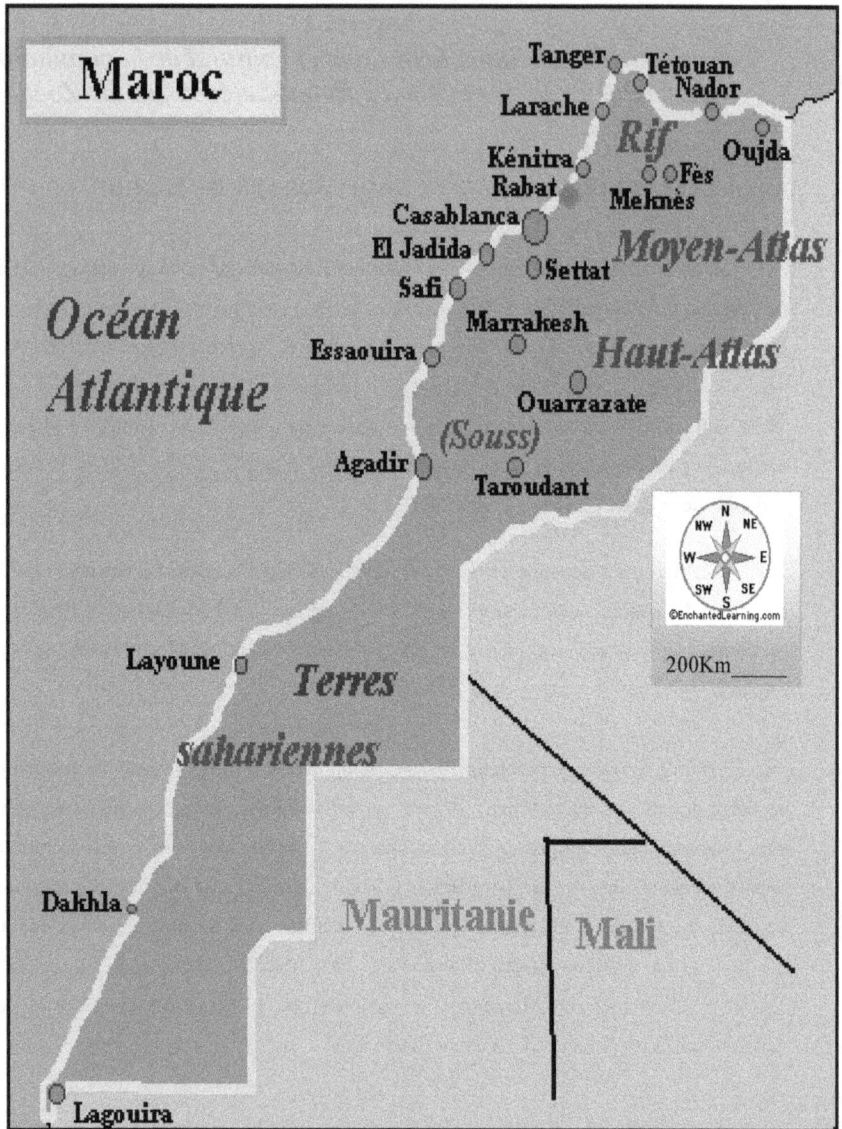

Carte 2 : La situation géographique du Maroc

Source: www.vb.arabsgate.com/showthread.php?t=461949

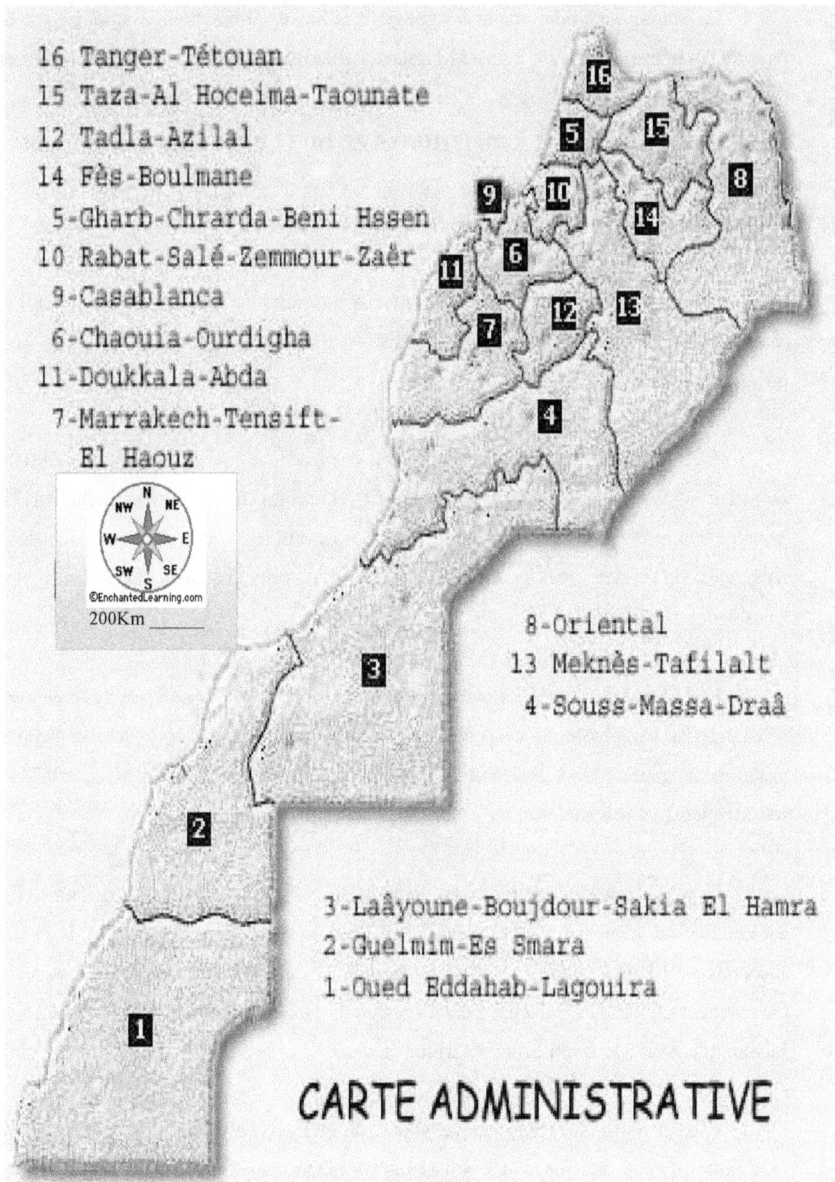

16 Tanger-Tétouan
15 Taza-Al Hoceima-Taounate
12 Tadla-Azilal
14 Fès-Boulmane
 5-Gharb-Chrarda-Beni Hssen
10 Rabat-Salé-Zemmour-Zaër
 9-Casablanca
 6-Chaouia-Ourdigha
11-Doukkala-Abda
 7-Marrakech-Tensift-
   El Haouz

200Km

8-Oriental
13 Meknès-Tafilalt
 4-Souss-Massa-Draâ

3-Laâyoune-Boujdour-Sakia El Hamra
2-Guelmim-Es Smara
1-Oued Eddahab-Lagouira

CARTE ADMINISTRATIVE

Carte 3 : Le découpage administratif du Maroc

Source : www.chegagatravel.free.fr/histoire_draa.htm.

3

Le Maroc a été nommé par les géographes arabes al-maghreb al-aqsâ, c'est-à-dire «le pays de l'extrême couchant», puis Al Mamlakah al Maghribiyah («Royaume du Maroc»).

II. LES GRANDES LIGNES DE L'HISTOIRE DU PEUPLEMENT AU MAROC

II.1. les premières traces du peuplement au Maroc

L'homme a laissé de nombreuses traces au cours de toute la période préhistorique, marque d'un peuplement très ancien, sans doute facilité par un climat plus favorable qu'aujourd'hui.

À l'acheuléen (Paléolithique inférieur), des traces remontant à au moins 700.000 ans montrent une première activité humaine. Ces hommes de type néanderthalien vivaient principalement de la cueillette et de la chasse. Les outils de cette époque étaient les galets aménagés, le biface, les hachereaux... découverts principalement dans les régions de Casablanca et de Salé.

Le Moustérien (Paléolithique moyen) entre 40 et 120 mille ans avant l'ère chrétienne, se caractérise par l'évolution de l'outillage. De cette période, on a des restes de racloirs et de grattoirs, en particulier à Jbel Irhoud dans la région de Safi (Hublin et al, 1987) où l'on retrouve toute l'industrie lithique.

La période de l'atérien (nom qui vient de Bir el-Ater en Algérie) (Debénath et al, 1986) est connue uniquement en Afrique du Nord. Cette période se caractérise par la maîtrise du façonnage de l'outil coupant et résistant comme le silex. Cette période a aussi connu un changement climatique, puisque, à cette époque, la faune se raréfiait et la flore se desséchait, laissant place au désert qui coupe l'Afrique en deux.

C'est à partir du Paléolithique supérieur et l'arrivée de l'Homo sapiens à industrie ibéromaurusienne que l'on a des traces de véritables peuplements, à Taforalt (Kéfi et al, 2005), les outils retrouvés datent de 30 à 20 mille avant JC., et des rites funéraires sont identifiés : les morts ont le corps en décubitus latéral et les os peints.

Ces populations se sont maintenues jusqu'à 9000 avant JC puis elles ont été éliminées ou absorbées par l'arrivée des premiers ancêtres des populations berbères actuelles : Les capsiens (nom issu de la ville antique de Capsa, aujourd'hui Gafsa) sont arrivés de l'Est (comme démontré par les études linguistiques, qui classent dans la même famille l'égyptien et le berbère).

Des sites néolithiques, montrant l'apparition d'une sédentarisation et la naissance de l'agriculture, ont été découverts près de Skhirat (Nécropole de Rouazi-Skhirat) (Lacombe et al. 2004) et de Tetouan (grottes de Kaf Taht el Ghar et de Ghar Kahal) (Debénath et al. 2000)

II.2. Succession des Empires d'après Ibn Khaldoun

Les Phéniciens, commerçants entreprenants, installent leurs premiers établissements sur les côtes marocaines dés le XIème siècle avant JC. et fondent des port-comptoirs comme Tingi (Tanger) ou Lixus (Larache). C'est à partir de la fondation de Carthage (en Tunisie, Maghreb de l'Est) que la région commence à être réellement mise en valeur. L'influence punique se fera sentir près de mille ans au Maroc, dans ses relations avec les chefs de tribus berbères locales : en effet à partir du VIème siècle, les carthaginois enquêteurs d'or (tiré de l'Atlas), de pourpre (coquillage que l'on trouve à Mogador par exemple, et qui donne la teinture du même nom), vont commercer avec les habitants du Maroc.

C'est à partir du IVème siècle avant JC., que la première organisation politique du pays : le royaume de Maurétanie apparaît dans le Nord du Maroc, résultat de la fédération de différentes tribus berbères qui avait profité de l'influence punique.

Lorsque les Romains arrivent vers le IIème siècle avant JC., après la destruction de Carthage, ils se sont d'abord alliés à ce royaume de Maurétanie, qui leur permet de lutter et de prendre à revers le chef numide Jugurtha. La Maurétanie devient un royaume ami, un « état-client », qui, s'il dépend étroitement de Rome et prendra part à toutes les querelles internes de l'Empire, reste de fait indépendant. En 40 avant JC., le royaume des Maures perd son roi. Caligula, qui l'a fait assassiné, fait face à la guerre d'Aedemon : Il faudra quatre ans pour mater cette révolte et en 46 avant JC., l'empereur Claude annexe le royaume qui devient la Maurétanie tingitane (chef-lieu Tingi, devenu Tanger). La domination romaine se limite aux plaines du Nord (jusqu'à la région de Volubilis près de Meknès) et l'Empire ne cherche pas à contrôler la région très fermement : il semble que les tribus berbères autonomes et pacifiques étaient imbriqués dans les possessions romaines. Pour autant Rome doit lutter sans cesse contre les Berbères montagnards.

Au même titre que le reste de l'Afrique du Nord, la Maurétanie Tingitane va connaitre la christianisation. Des dizaines d'évêchés couvrent la région, s'adressant d'abord aux populations romaines puis aux romanisée. C'est en 298 avant JC., à Tanger, sous Dioclétien que saint Marcel, centurion romain, est décapité. Les berbères du Maroc ne seront, à la différence des berbères d'Algérie et de Tunisie, que très peu christianisés. Deux évêchés ont été identifiés en Tingitane (à Tanger et Larache), mais il est possible qu'il y en ait eu quatre.

Au IIIème siècle, l'Empire recule. C'est aussi le cas en Afrique du Nord et en particulier au Maroc : la Maurétanie Tingitane se retrouve réduite à la seule ville de Tingi et à la côte Nord. Elle est d'ailleurs rattachée administrativement à l'Espagne. Les villes du Sud sont toutes abandonnées, y compris la grande cité Volubilis. Au Sud seul le port de Sala est conservé à l'Empire. Les raisons de ce repli sont mal connues : Pression des berbères montagnards et du sud ; Crise économique plus violente dans cette région ; Affaiblissement dû aux conflits dynastique de l'Empire avec l'épisode des Gordiens.

Profitant de l'affaiblissement de l'Empire romain d'occident, une troupe de barbares de langue teutonne, formées de Suèves, de Vandales et d'Alains traverse le Rhin en 406 avant JC.. Les Vandales descendent alors en Espagne et passent en Afrique en 429 avant JC.. Ils atteignent Hippone (Algérie) en 430 avant JC..

Le gouvernement de Constantinople engage en vain une expédion navale contre cette invasion. Les Vandales s'installent dans l'Afrique du Nord-Ouest pour plus d'un siècle. Il faut attendre 533-534 avant JC., pour voir la campagne d'Afrique engagée par Justinien Ier et dirigée par le général thrace Bélisaire anéantir le royaume vandale. La pacification du territoire reconquis fut, elle, plus laborieuse.

La Maurétanie Tingitane, quant à elle, n'est d'abord pas touchée par la conquête et la domination vandale. Ceux-ci ne contrôleront jamais que les côtes méditerranéennes. La région passe sous contrôle byzantin en 534. Mais les berbères, habitués à une large autonomie depuis plus d'un siècle, s'ils sont encore « romanisés », ne sont plus « romains », et ils vont résister farouchement autour du prince Garmel. Après la victoire byzantine, la province connait un certain renouvellement économique et démographique.

II.3. La conquête arabe

En 638 avant JC., les arabes prennent Alexandrie. En 649, les voilà qui atteignent le Maghreb. Mais ce n'est qu'à la cinquième campagne (681 avant JC.) qu'ils entrent au Maroc. Ils font alors face à une farouche résistance berbère, suite à certaines erreurs diplomatiques. Les berbères, qu'ils soient montagnards, marocains ou algériens, vont permettre à l'empire byzantin de se maintenir jusqu'en 698 avant JC. L'empire byzantin est alors vaincu et ne subsiste que la résistance berbère. Celle-ci va tenir encore quinze ans. En 708 avant JC., le Maroc berbère se convertit massivement à l'Islam. Cette conversion, facile car touchant des populations qui n'ont jamais été christianisée, ne sera jamais remise en cause par les berbères. Si la région connaitra par la suite des révoltes anti-arabes, celles-ci ne seront jamais anti-musulmanes. Les musulmans utilisent très vite les capacités guerrières des nouveaux convertis : l'Espagne wisigothique est conquise en trois ans, les troupes arabes et berbères arrivent en Navarre en 715 avant JC., et à Poitiers en 732 avant JC. (Muqaddima d'Ibn Khaldoun 1332-1406 de J.C).

L'ensemble du Maroc côtier est sous domination de l'empire Ommeyyade. Dans la région du Rif s'établit un petit émirat berbère autonome : l'émirat de Nekor ou Nokour. En 740 avant JC., a lieu la première révolte marocaine face au pouvoir arabe : aucunement une remise en cause de l'Islam, le kharijitisme sert de prétexte pour remettre en cause le califat d'Orient. C'est, pour ses fidèles, la volonté de choisir « le meilleur » pour gouverner, et non pas forcément un descendant du prophète (ce que veut le chiisme), ou un candidat choisi par les sages (ce que veut le sunnisme). Le kharijitisme est la thèse la plus apprécié par les peuples berbères, qui ont des sentiments relativement démocratique : le chef se doit d'être choisi par tous, et non pas imposé. Le califat omeyyade ne peut l'accepter, et un conflit éclate. En 750 avant JC., à Damas, les omeyyades sont renversés par les Abbassides. Le Maghreb se retrouve dans une quasi-anarchie (Muqaddima d'Ibn Khaldoun 1332-1406 de J.C).

III. DONNEES DEMOLINGUISTIQUES

Le pays comptait 29,1 millions d'habitants en 2000. Des trois principaux pays du Maghreb, le Maroc est celui qui présente la situation linguistique la plus complexe: l'arabe classique et l'arabe moderne pour les plus instruits, l'arabe dialectal ou arabe marocain pour quasiment toute la population, le berbère, appelé amazighe (le rifain dans le Rif, le tamazight dans le Moyen-Atlas, le tachelhit dans le Souss), pour environ 40 % des Marocains, le français pour ceux qui fréquentent les écoles, l'espagnol pour une faible partie de la population du Nord, et l'anglais qui tend à s'imposer en tant que véhicule de la modernité. La Constitution du Maroc ne fait aucune mention de ces langues, sauf pour l'arabe.

La répartition de cette population est très inégale au Maroc: 90 % des habitants vivent dans le Nord du pays. La capitale, Rabat (1,7 million d'habitants en 2007), se classe derrière l'agglomération de Casablanca (3,2 millions d'habitants), mais devant Fès (719 000 habitants), Marrakech (644 000 habitants), Meknès (484 000 habitants), Tétouan (484 000 habitants), Agadir (420 000 habitants) et Tanger (410 000 habitants). Les musulmans (98,7 %), principalement sunnites, constituent la quasi-totalité de la population.

III.1. La langue Arabe

La langue arabe s'est introduite au Maroc au VIIème siècle, notamment dans la partie Nord-Ouest du pays. L'arabe s'est implanté encore davantage auprès des populations berbères à la suite de la fondation de la ville de Fès par Idris II en 808. À partir du 1118, le Maroc vit arriver un flux massif de tribus hilaliennes qui arabisèrent profondément la population locale. Puis, suite à la Reconquista espagnole du XVème siècle, le pays reçut des centaines de milliers d'Andalous arabophones qui s'installèrent dans des centres urbains comme Rabat, Fès, Salé et Tétouan. C'est alors que le processus d'arabisation s'amplifia et atteignit tout le Nord du pays (Muqaddima d'Ibn Khaldoun 1332-1406 de J.C).

L'arabe dialectal (ou arabe marocain) reste la langue maternelle de tous les Marocains arabophones. Il sert généralement d'outil de communication entre les locuteurs arabophones et berbérophones. Bien qu'il soit socialement dévalorisé, l'arabe dialectal constitue la langue la plus employée dans tout le Maroc. Comme ailleurs, l'arabe dialectal connaît plusieurs variétés: on oppose souvent les dialectes urbains aux dialectes ruraux (ou bédouins), les dialectes orientaux (Tanger, Tétouan, etc.) aux dialectes du Gharb (Casablanca, Kénitra, etc.), les particularismes de type rbati (Rabat), fassi (Fès), marrakchi (Marrakech), etc. L'arabe marocain et le berbère (avec ses variétés) demeurent les langues maternelles de la quasi-totalité des Marocains.

Quant à l'arabe classique, il n'est la langue maternelle d'aucun Marocain et il n'est pas utilisé comme véhicule spontané de communication, pas plus au Maroc que dans tout autre pays arabe. L'arabe classique demeure pour tout arabophone la langue de la prédication islamique et de l'enseignement religieux (la langue du Coran), puis celle de la langue écrite en concurrence surtout avec le français. Mais c'est également la référence et l'outil symbolique de l'identité arabo-musulmane. Aux yeux des nationalistes, l'arabe classique représente le moyen de lutte contre l'oppression linguistique exercée par l'Occident à travers ses langues, que ce soit le français, l'espagnol ou l'anglais. Qu'il soit dialectal ou classique, l'arabe fait partie de la famille des langues chamito-sémitiques (ou Afro-Asiatiques) (Tableau 1).

III.2. La langue berbère (amazighe)

Si les arabophones parlent diverses variétés dialectales, les berbérophones utilisent également une grande variété de dialectes et de parlers régionaux. Les berbérophones sont présents dans une dizaine de pays couvrant près de cinq millions de kilomètres carrés et compte près de 20 millions de locuteurs (Carte 4). Au Maroc, les berbérophones comptent pour au moins 40 % (Carte 5) de la population marocaine. Ils parlent principalement le tachelhit (2,3 millions), le tamazight (1,9 million), le tarifit (1,5 million) ou le ghomara (50 000) (Histoire des Berbères et des Dynasties Musulmanes de l'Afrique Septentrionale d'Ibn Khaldoun traduit par William MacGuckin), mais il existe beaucoup d'autres variétés ne comptant qu'un nombre restreint de locuteurs. De façon habituelle, on distingue les variétés suivantes:

- Le **Rifain** (ou zenatiya ou tarifit), parlé dans le Rif, au Nord-Est;

- le **Tamazight** (ou barbar) parlé dans le Moyen Atlas, une partie du Haut Atlas et plusieurs vallées; il dispose d'un alphabet (le tifinagh), également, utilisé par les Touaregs;
- Le **Tachelhit** pratiqué par les Chleuhs du Haut Atlas, du Souss et du littoral du Sud du Maroc.

Il est possible de consulter une carte linguistique (Carte 5) permettant de nous donner une certaine idée de la répartition des langues berbères au Maroc. Cependant, il convient de préciser que la berbérophonie au Maroc, contrairement à celle de l'Algérie, n'est pas aussi clairement territorialisée que cette carte le laisse supposer. En réalité, il existe des arabophones partout, y compris dans les aires berbérophones, notamment tout autour de ces zones où les langues sont davantage mélangées. Par ailleurs, dans toutes les grandes villes du pays, on compte de très nombreux berbérophones, que ce soit Rabat, Tanger, Casablanca, Marrakech, Fès, etc.

Tableau 1 : La famille chamito-sémitique (ou Afro-asiatique)

N	Groupe	Nombre des langues	Langues
1	**Chamite**	3	Egyptien ancien*, moyen égyptien*, nouvel égyptien*, démotique*, copte (religieuse)
2	**Sémitique**	73	Akkadien*, éblaïte* Babylonien*, ougaritique*, cananéen*, moabite*, phénicien*, samaritain*, araméen, assyrien, chaldéen, hébreu, etc. **Arabe classique, arabe dialectal**, maltais amharique, tigrinia, tigréen, argobba, etc.
3	**Berbère**	29	Tamazight, kabyle, tachelhit, tamasheq, siwi, jerba, chaouïa, judéo-berbère, etc.
4	**Tchadique**	192	Haoussa, mandara, ngala, bana, etc.
5	**Couchitique**	47	Somali, sidamo, galla, afar, gedeo, bédja, bedawi, oromo etc.
6	**Omotique**	28	Wolaytta, gamo, melo, basketto, seze, yemsa, etc.

Source: http://www.tlfq.ulaval.ca/axl/monde/famarabe.htm

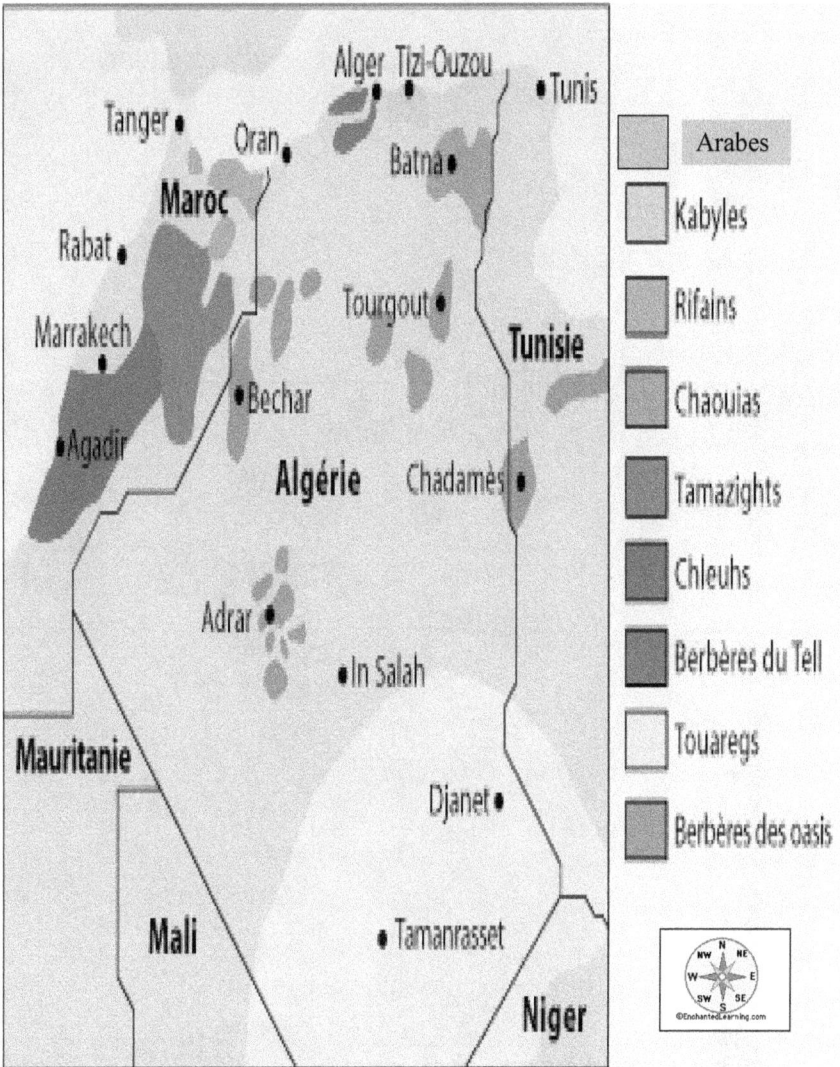

Carte 4 : L'emplacement des deux langues parlées arabe et berbère au niveau de l'Afrique du Nord

Selon N. Louali et G.Philippson, communication personnelle.

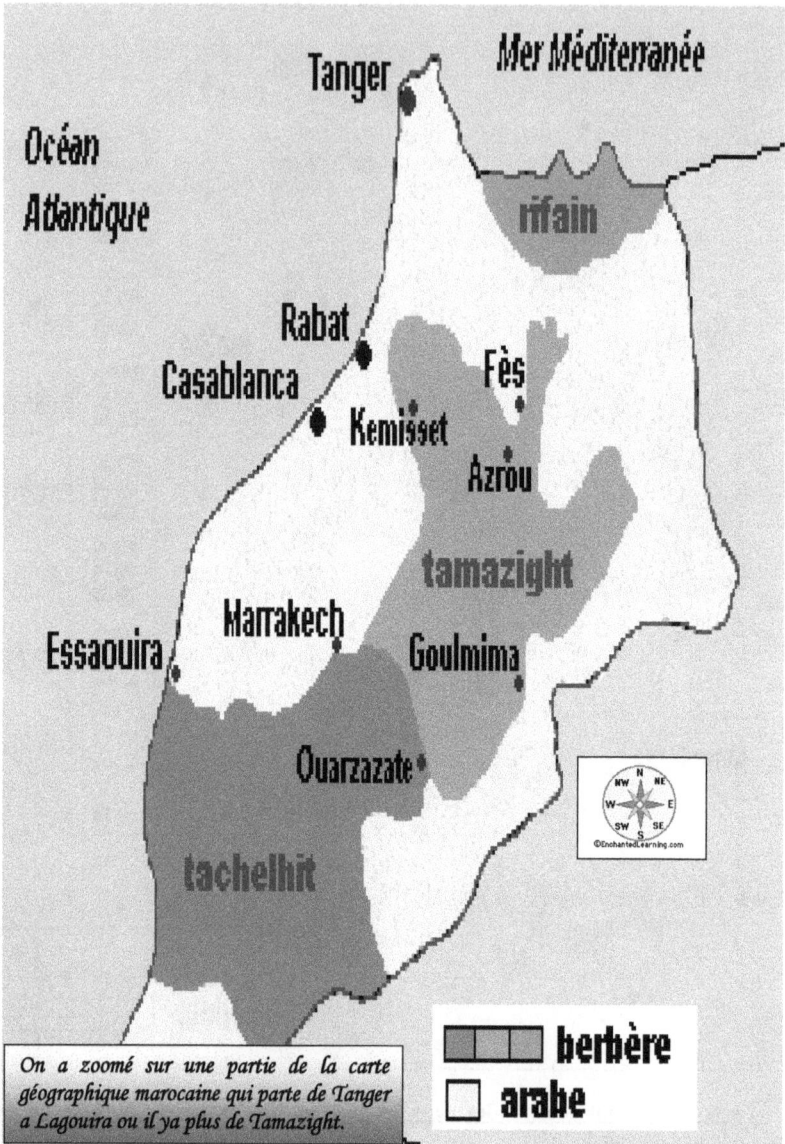

On a zoomé sur une partie de la carte géographique marocaine qui parte de Tanger a Lagouira ou il ya plus de Tamazight.

Carte 5 : La répartition géographique des populations marocaines de point de vue ethnolinguistiques

Source : www.commons.wikimedia.org/wiki/Atlas_of_Morocco

Quoi qu'il en soit, il s'agit dans tous les cas, comme l'arabe, de langues chamito-sémitiques (ou Afro-Asiatiques) (Tableau 1). Tous les Marocains écrivent soit en arabe classique soit en français. On n'écrit pas en arabe dialectal ni généralement en berbère qui possède néanmoins une écriture: l'alphabet Tifinaghe.

Au Maroc, la langue berbère est appelée amazigh dans la mesure où on parle du «berbère standardisé». Ainsi, on ne fait plus la distinction entre le rifain, le tamazight ou le tachelhit. En français, le mot berbère est dérivé du grec barbaroi et retenu par les Romains dans barbarus, puis récupéré par les Arabes en barbar et enfin par les Français avec berbère. Étymologiquement, ce terme désigne avant tout les «gens dont on ne comprend pas la langue», c'est-à-dire les étrangers. Autrement dit, le mot berbère avait une signification bien négative, puis par extension le mot a même signifié «sauvage» ou «non civilisé». Avec le temps, le mot berbère a fini par perdre son sens péjoratif pour désigner les Amazighes. Pour les linguistes francophones, le mot berbère renvoie à un groupe linguistique parmi les langues chamito-sémitiques. Quant aux Berbères, ils préfèrent se désigner eux-mêmes par le terme amazigh, ce qui signifie «homme noble» ou «homme libre». La terminologie officielle du gouvernement marocain utilise aussi le terme amazighe (ou amazigh).

En complément des données anthropologiques et archéologiques, la linguistique permet d'apporter des informations sur l'origine des peuples et sur leurs relations. Leur langue est aujourd'hui le caractère le plus original et le plus discriminant des groupes berbères et arabes Nord-Africains ainsi que marocains.

III.3. Une appellation controversée

Les langues de la famille chamito-sémitique appelée également Afro-Asiatique, couvrent une aire géographique considérable, qui s'étend du nord de l'Afrique (du Maghreb jusqu'au Nigeria et une partie du Cameroun, en passant par l'Éthiopie, l'Érythrée et la Somalie) et de l'île de Malte, ainsi que dans tout le Proche-Orient, pour s'arrêter aux frontières de l'Iran (quelques îlots d'arabophones) (Carte 6).

L'appellation de chamito-sémitique attribuée à ces langues est une pure invention des linguistes de la fin du XVIIIème siècle, d'où cette appellation controversée. Sous l'influence de la Genèse (Bible judéo-chrétienne), les linguistes européens présentèrent les Hébreux, les Araméens, les anciens Égyptiens et les Arabes comme les descendants de Sem (d'où sémitique) et de Cham (d'où chamite), les fils du patriarche Noé. Quant à Koush, un fils de Cham, dont les descendants auraient habité le Sud de l'Égypte, il aurait donné son nom à l'Éthiopie, d'où la création par la suite du terme couchitique pour désigner les langues de ce pays. On a inventé plus récemment le mot tchadique pour désigner les langues de la région du lac Tchad. Enfin, les langues dites omotiques sont parlées en Éthiopie dans la région du fleuve Omo.

Finalement, les linguistes rassemblèrent les langues de l'Asie de l'Ouest et de l'Afrique du Nord présentant des similitudes entre elles en une grande famille appelée Afro-Asiatique (chamito-sémitique).

Certaines des langues de la famille chamito-sémitique (ou Afro-Asiatique) ont, dans l'Antiquité, été de très grandes langues de civilisation. Pensons seulement à l'égyptien ancien, au babylonien, au sumérien, au phénicien, à l'araméen, etc. La plupart de ces langues sont aujourd'hui disparues, à l'exception du copte, resté une langue liturgique, et de l'araméen, parlé par moins de 100 000 locuteurs. Par ailleurs, de toutes les langues chamito-sémitiques actuelles, l'arabe, avec ses variétés dialectales, constitue sans aucun doute l'idiome parlé par le plus grand nombre de locuteurs (au moins 200 millions).

Avec près de 300 millions de locuteurs dans le monde, les langues de la famille chamito-sémitique font partie des familles les plus importantes du monde, tant par leur histoire que par leur nombre et leur distribution géographique de leurs locuteurs. Les langues chamito-sémitiques constituent l'une des grandes familles linguistique du continent africain (Carte 6).

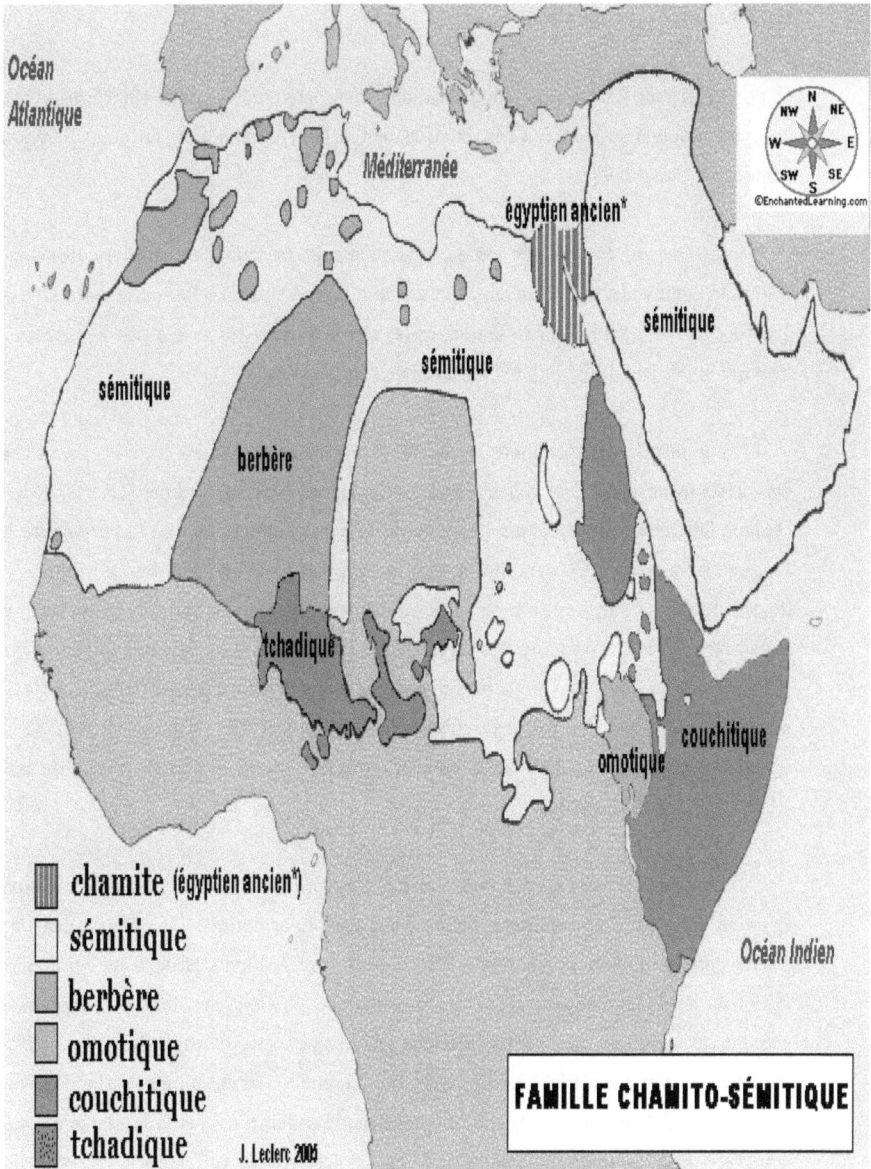

Carte 6 : La diversité linguistique du continent Africain et de l'Asie de l'Ouest

Source: http://www.tlfq.ulaval.ca/axl/monde/famarabe.htm

III.4. Les langues Chamites

Le groupe Chamite ne compte qu'une seule langue, l'égyptien (3000 ans avant notre ère), qui a donné naissance à l'égyptien ancien, à l'égyptien moyen, au nouvel égyptien, au démotique, puis au copte.

La langue égyptienne s'étale pratiquement sur quelques milliers d'années. Son évolution commence avec l'ancien égyptien dont la plus ancienne forme remonterait à près de 3000 avant notre ère. C'est la langue qu'on retrouve dans les textes des pyramides et des inscriptions de la IIIème à la VIème dynastie de l'Ancien Empire.

Les premières attestations du moyen égyptien (ou égyptien classique) sont apparues vers 2100 avant notre ère; cette langue, qui a survécu durant environ 500 ans, demeure la «langue des hiéroglyphes» dans l'histoire de l'Égypte antique, lors de la période du Moyen Empire. Sous la XVIIème dynastie, le moyen égyptien a été adopté comme langue officielle (textes littéraires, inscriptions royales, documents administratifs, etc.); on le retrouve aujourd'hui sur les inscriptions des sarcophages. Quant au nouvel égyptien (ou néo-égyptien), il a remplacé en Haute Égypte le moyen égyptien dans la langue parlée (après l'an 1600 avant notre ère) et est resté en usage jusqu'aux environs de l'an 600 (avant notre ère). Le nouvel égyptien a été employé dans les documents officiels durant la période s'étendant entre les XIXème et XXVème dynasties.

Lors de la Basse Époque, deux variétés d'égyptien et deux écritures dérivées du nouvel égyptien ont été utilisées simultanément: d'une part, le démotique «archaïque» dans le Nord, d'autre part, le hiératique «anormal» dans le Sud. L'unification s'est faite du Nord au Sud en faveur du démotique sous le règne de Psammétique Ier. Cette appellation de démotique (du grec dêmos signifiant «populaire») désigne une langue restée en usage jusqu'au VIIème siècle de notre ère, soit jusqu'à la conquête arabe qui a entraîné l'arabisation et l'islamisation de cet ancien empire. Dans l'écriture, le terme de démotique fait référence à la «langue populaire» employée dans la vie quotidienne, tandis que les inscriptions officielles en hiéroglyphes ont tendance à désigner les styles archaïques de l'Ancien Empire et du Moyen Empire.

Pour ce qui est du copte (du grec Aiguptos signifiant «égyptien»), c'est le dernier maillon dans l'évolution de l'ancien égyptien. Attesté dès le IVème siècle avant notre ère, le copte a été employé par les paysans de Haute Égypte jusqu'au XVIIème siècle et reste aujourd'hui la langue liturgique de l'Église copte orthodoxe (environ 6,5 millions d'adeptes). L'écriture copte est la transcription de la langue égyptienne en lettres grecques complétée par sept caractères démotiques pour rendre les sons qui n'existaient pas en grec. On sait qu'en 642 l'Égypte fut conquise par les Arabes qui arabisèrent et islamisèrent la région avant d'entreprendre la conquête d'une partie du monde.

IV. CONTEXTE GEOGRAPHIQUE ET HISTORIQUE DE LA REGION DE RABAT-SALE- ZEMMOUR- ZAËR

Rabat (en arabe (ar-Ribat) est la capitale politique et administrative du Maroc. Elle est située sur le littoral Atlantique du pays, sur la rive gauche de l'embouchure du Bouregreg, en face de la ville de Salé. Elle compte plus de 1,7 million d'habitants ; et 3,1 millions pour l'agglomération (Tableau 2).

Tableau 2 : Les données du peuplement de Rabat- Salé -Zemmour -Zaër de 1970 à 2007

Évolution démographique				
1970	1982	1994	2004	2007
523 177	856 651	1 340 486	1 622 860	1 721 760
Recensement secondaire : 1970, 1982 ; recensement officiel : 1994, 2004 et 2007				

Réalisé par la Direction de la statistique (Recensement Général de la Population de Rabat Salé Zemmour Zaër , d'après la Wilaya de Rabat).

Des peuplements sont attestés sur le site de Rabat depuis l'Antiquité. La ville à proprement parler a été fondé en 1150 par le sultan almohade Abd al-Mumin ; il y édifia une citadelle (future Kasbah des Oudaïa), une mosquée et une résidence. C'est alors ce qu'on appelle un ribat, une forteresse. Le nom actuel vient de Ribat Al Fath, « le camp de la victoire ». C'est le petit-fils d'al-Momin, Yaequb al-Mansor, qui agrandit et complète la ville, lui donnant notamment des murailles. Par la suite, la ville a servi de base aux expéditions almohades en Andalousie.

Elle entra dans une période de déclin après 1269, quand les Mérinides choisissent Fès comme capitale. En 1609, suite au décret d'expulsion de Philippe III, des milliers de Mauresques trouvèrent refuge dans la ville. Il a fallu attendre les Alaouites pour que la ville se revitalise.

En 1912, Lyautey fait de Rabat la capitale du protectorat du Maroc et le siège du résident général. En 1956, lors de l'indépendance du Maroc, la ville resta capitale.

Près de huit siècles séparent l'édification, sur la rive gauche du Bouregreg, du noyau initial de la ville, le Ribat d'Abd al-Mumin, de celle de la résidence générale du protectorat français dans la nouvelle capitale du Maroc.

De ces époques, le même site allait porter et préserver de manière forte et durable, jusqu'à nos jours, d'une part, les témoignages d'une cité grandiose, restée inachevée et, d'autre part, ceux de principes pionniers en matière d'art urbain au début du siècle. Sur l'océan Atlantique, à l'embouchure du Bouregreg, une haute falaise s'élève à pic, à plus de trente mètres au-dessus du niveau de la mer et surplombe le fleuve dont elle commande l'entrée.

C'est sur cette position de défense naturelle que Abd al-Mumin, fondateur de la dynastie almohade, fera édifier, en 1150, un ribat ou une forteresse, lieu de rassemblement des combattants de la foi, point d'étape dans l'épopée almohade pour la conquête de l'Andalousie et le contrôle du reste du Maghreb. Yacoub el Mansour se disait désireux de concevoir pour la position du Bouregreg des projets plus vastes. Aidé des nombreux captifs ramenés d'Espagne lors de la bataille d'Alarcos, il fera construire les remparts de la future capitale et commencer, non loin du fleuve, une mosquée aux proportions grandioses ; mais cette dernière ne sera pas érigée ; seul, se dressera son superbe minaret qui servira de repère aux navigateurs pour le franchissement de la ville. À ce camp retranché, sera d'abord appliqué le nom de Ribat de Salé, puis celui de Ribat El-Fath après la victoire des armées almohades en Espagne.

Cette construction, qui s'identifie en gros à la partie ouest de l'actuelle Kasbah des Oudaïa, fut appelée à fois Ribat al Fath, le Camp de la Victoire, pour commémorer les victoires almohades, et al-Mahdiyya, en souvenir d'al-Mahdî Muhammad ibn Tûmart, fondateur du mouvement almohade. À partir du Ribat d'Abd al-Mumin, son fils Abu Yaequb

Yusuf, puis son petit-fils Yacoub el Mansour, héritiers d'un empire allant de la Castille à Tripolitaine, allaient fonder une cité grandiose, couvrant plus de quatre cents hectares, enceinte de murailles imposantes percées de portes monumentales et dotée d'une mosquée gigantesque, Tour Hassan (pour cause de tremblement de terre), restée inachevée, mais qui eût été l'un des plus grands sanctuaires du monde musulman.

Ainsi, bien que Ribat al Fath ne reçoive jamais la population que son enceinte eût pu abriter, les grandes orientations de la ville étaient tracées. Les remparts et les portes monumentales de l'époque témoignent aujourd'hui encore de l'ampleur de la ville almohade. Tout comme en témoignent le minaret et les vestiges de la Mosquée de Hassan, sur un site dont le caractère sacré a été accentué et revalorisé par l'édification du Mausolée Mohammed V, symbole de piété filiale, qui, de par sa décoration exceptionnelle, œuvre d'art collective, est un hommage au Souverain qui y repose et un témoignage de la renaissance de l'artisanat traditionnel.

De la fin de la période almohade, vers le milieu du XIIIème siècle, jusqu'au début du XVIIème siècle, l'importance de Rabat diminue considérablement. De cette période date la nécropole du Chella, édifiée à l'extérieur des remparts, de même que Jamae el Kbîr et Hammâm ej-Jdîd. La localisation de ces équipements publics permet d'affirmer que la vie citadine n'était pas concentrée uniquement aux abords immédiats de la Kasbah et que plusieurs quartiers de la médina actuelle étaient habités.

À partir de 1610, Rabat reçut une forte population de réfugiés musulmans chassés d'Al-Andalus qui s'établirent dans la Kasbah et à l'intérieur de l'enceinte almohade, dans la partie Nord-Ouest, qu'ils délimitèrent et protégèrent par une nouvelle enceinte, la muraille andalouse.

Pendant quelques dizaines d'années, Rabat, alors connue de l'Europe sous le nom de Salé-le-Neuf, fut le siège d'une petite république maritime, la République du Bouregreg, jusqu'à l'avènement des Alaouites qui s'emparèrent de l'estuaire en 1666. Sa principale activité était, alors, la course en mer contre les Chrétiens qui lui procurait la totalité de ses ressources et Salé-le-Neuf devient le premier port du Maroc. Les descendants de ces Andalous, qui portent souvent des patronymes à consonance castillane tels que Mouline

(Molina), Bargach (Vargas), Moreno, Balafrej, Ronda, etc., sont toujours considérés comme les Rbatis dits « de souche ».

Chapitre 2 : *Notions*

I. L'ANTHROPOBIOLOGIE : CONCEPTS ET HISTORIQUE

L'anthropologie, du grec **anthrôpos**, homme, et **logos**, science, est par définition la science qui étudie la dimension sociale de l'Homme. Elle s'est constituée au XIXème siècle et progressivement institutionnalisée en Europe et aux Etats-Unis au XXème siècle pour faire partie des sciences humaines et sociales. L'anthropologie s'intéresse aux pratiques comme aux représentations et vise à l'intercompréhension des sociétés et des cultures. Elle couvre une large variété de domaines de recherches tels que l'anthropologie sociale et culturelle, l'anthropologie linguistique, l'anthropologie historique, l'anthropologie physique, etc..., et bien évidemment celle dans laquelle s'inscrit cette thèse : l'anthropologie biologique ou anthropobiologie. Celle-ci a pour objectif d'étudier la spécificité et la diversité des populations humaines, depuis leurs origines jusqu'à nos jours en mettant l'accent sur les interactions entre la biologie et la culture (Crubézy et al, 2002) des populations humaines actuelles et passées, ainsi que la reconstitution de leur(s) histoire(s) évolutive(s) (Susanne et al, 2003).

De part son nom, l'anthropologie biologique évoque les deux principales sciences qui émanent de son fondement : les sciences de l'Homme et les sciences de la Vie. Les premières regroupent toutes les disciplines qui peuvent être utilisées pour retracer les particularités culturelles et comportementales de l'Homme et des groupes humains ainsi que leurs relations à plusieurs échelles de temps : la sociologie, l'ethnologie, la linguistique, l'histoire, etc. Les secondes correspondent à toutes les matières permettant une caractérisation physique et biologique de l'Homme : anatomie, physiologie, biologie moléculaire, génétique, médecine, etc.

Ces disciplines sont en interaction permanente puisque la constitution physique de l'Homme dépend en même temps de critères génétiques, comportementaux, sanitaires mais aussi environnementaux. L'étude du corps humain ne peut pas être dissociée de ce qui se passe, à la fois, à l'intérieur (patrimoine génétique) et à l'extérieur (milieu et conditions de vie) de l'organisme. La découverte d'éléments exploités dans l'étude des interactions entre l'Homme et le milieu dans des sédiments terrestres impose la prise en considération d'un 3ème ensemble de connaissances par les anthropobiologistes: les sciences de la Terre.

Celles-ci rassemblent toutes les disciplines qui s'intéressent aux sédiments et à la structure orographique de la planète : géologie, paléontologie, paléoanthropologie, archéologie, géographie, etc.

De part sa position au carrefour des trois familles de disciplines précitées, l'anthropologie biologique ne représente pas une science à part entière. En effet, elle n'a pas de méthodes ou de techniques qui lui sont propres. Cependant, son originalité vient justement du fait qu'elle emprunte les démarches utilisées par différents domaines de recherche afin de répondre à son propre objectif : comprendre et retracer la diversité biologique humaine ancienne et actuelle. En effet, cette multidisciplinarité de l'anthropologie biologique permet d'étudier les origines de l'Homme. Ses caractéristiques physiques et culturelles et les relations actuelles et anciennes entre les sujets contemporains. Ces dernières réflexions sont au centre de notre étude et s'appuient sur les résultats apportés par une composante principale de l'anthropobiologie, la génétique des populations humaines dite encore l'anthropogénétique.

Après deux décennies de découvertes et de controverses, l'anthropogénétique semble, avoir atteint l'âge de raison, sinon du moins avoir délaissé les frasques de son impétueuse jeunesse. Si ses principes théoriques ont été à peine affinés en quinze ans, sa pratique opérationnelle à elle, rapidement évolué, en bénéficiant de l'explosion méthodologique de la biologie moléculaire. C'est véritablement avec l'avènement de la méthode d'amplification de l'ADN par PCR que ce champ d'étude a pris son essor. Dès 1989, les travaux se multipliaient en s'intéressant à des groupes biologiques animaux et végétaux variés : espèces récemment éradiquées par l'homme (ratites), représentants disparus de la période glaciaire (mammouth laineux) ou, encore, espèces domestiques (cochon) définirent les entités qui restent aujourd'hui les cibles favorites de ces études. Les champs d'application se sont également multipliés, afin de mieux cerner l'évolution des espèces, des populations et des génomes : génétique des populations, phylogénie d'espèces, domestication, migration de populations, paléopathologie, paléogénomique et évolution moléculaire s'offrent désormais à une discipline décidément en plein essor.

II. LA GENETIQUE : CONCEPTS ET HISTORIQUE

Jusqu'au milieu du XXème siècle, les gènes, bien que localisés sur les chromosomes, demeurent des entités théoriques. Leurs caractères physiques, leur nature matérielle, tout comme leur mode d'action demeurent mystérieux. Le support matériel de l'hérédité, l'acide désoxyribonucléique, ou ADN, fut identifie comme tel en 1944. La structure en double hélice de l'ADN est élucidée par Watson et Crick en 1953. Les années d'or de la biologie moléculaire sont les années 1950. Elles culminent avec la découverte par Jacob et Monod au début des années 1960, (Jacob et Monod, 1961), du modèle de régulation de la production des protéines chez les bactéries et virus : ARN messager, transcription de l'ADN en ARN messager, traduction de l'ARN messager en séquences polypeptidiques, c'est-à-dire les protéines. La découverte du code génétique par Nirenberg et Matthaei est contemporaine de ces travaux sur la régulation (Nirenberg et al, 1963).

Dans les années 1970, la génétique et la biologie moléculaire entrent dans une nouvelle phase. Le génie génétique est fondé sur des découvertes et des procédés techniques permettant de découper et d'insérer la volonté des séquences d'ADN. Il a rendu possible une nouvelle génétique moléculaire. Une accélération considérable dans ce processus a été observée dans les années 80-90. Les méthodes de maîtrise de l'expression des gènes, de cartographie et de séquençage des génomes ont été développées et c'est surtout à cette période qu'a émané une volonté internationale d'élucider complètement la séquence de génomes particuliers.

Le décryptage du génome humain est un exploit technique à la mesure des avancées théoriques de la génétique. D'ores et déjà plusieurs centaines de génomes ont été ou sont en cours de décryptage chez les microorganismes, les plantes et les animaux.

II.1. Le polymorphisme génétique

II.1.1. La source du polymorphisme génétique

Le polymorphisme génétique est la conséquence directe de changements survenus dans la séquence ADN. Ces modifications de la séquence ADN peuvent être causées par divers mécanismes tels : Les substitutions ponctuelles, les insertions, les délétions ou les transpositions d'un segment d'ADN.

Les ***mutations ponctuelles*** sont la source prépondérante du polymorphisme. Elles n'intéressent qu'une région très limitée du génome (quelques nucléotides, au maximum). Les modifications les plus simples correspondent au remplacement d'une base ADN par une autre (SNP, *Single Nucleotide Polymorphism*). Ces remplacements sont soit des ***transitions*** (substitution d'une base purique par une base purique (A↔G) ou d'une base pyrimidique par une base pyrimidique (C↔T)), soit des ***transversions*** (substitution d'une base purique par une base pyrimidique et réciproquement (A, G ↔ C, T)). Il existe donc quatre transitions possibles (A→G, G→A, C→T et T→C) et huit transversions (A→C, A→T, G→C, G→T, C→A, C→G, T→A et T→G). D'autres mutations ponctuelles correspondent à l'***insertion*** ou à la ***délétion*** d'une base. Dans tous les cas les mutations modifient la séquence ADN. Lorsqu'elles se produisent à proximité ou dans les gènes eux-mêmes, les mutations modifient le cadre de lecture de ces gènes, ce qui pourrait altérer la transcription et la traduction de l'information génétique et conduire à la non expression des gènes (mutations délétères) ou également à la modification des acides aminés et donc des propriétés des protéines exprimées. Par contre, si les mutations n'ont pas d'effet sur les structures ou le fonctionnement de l'organisme, on dit qu'elles sont « neutres » (à la base de la théorie neutraliste proposée par Kimura en 1983). Lorsque ces dernières surviennent dans l'ADN non codant, elles ne sont pas soumises à une quelconque pression de sélection et peuvent s'accumuler dans le génome de génération en génération. Ceci explique la grande variabilité des régions non codantes de l'ADN d'un individu à l'autre.

Des phénomènes d'***insertions*** et de ***délétions*** sont aussi observés pour des fragments d'ADN de plusieurs nucléotides. C'est le cas notamment des mutations frameshift. Ces dernières conduisent à la non lecture des codons-stop UAA, UGA et UAG ou à la création d'un codon-stop très tôt dans le cadre de lecture. La protéine ainsi créée peut être alors anormalement courte ou longue. Elle peut également contenir des acides aminés erronés et être non fonctionnelle. Dans certains cas pathologiques, ces mutations frameshift sont, généralement, la cause d'anomalies phénotypiques graves.

D'autres polymorphismes de l'ADN peuvent être créés par certains remaniements chromosomiques, conduisant alors à des *fusions* de gènes, des *inversions* de séquence ou des *transpositions* (déplacements) de fragments d'ADN d'une région chromosomique à une autre.

Ces mécanismes générant du polymorphisme peuvent être liés à diverses causes. Les mutations ponctuelles pourraient s'expliquer par des erreurs du système de réplication (duplication de l'ADN avant chaque division cellulaire) ou de réparation de l'ADN (erreurs de l'ADN polymérase), par des altérations chimiques spontanées (hydrolyse des bases) ou par exposition à des agents mutagènes endogènes (radicaux libres) ou exogènes (rayonnement UV). Les délétions, les insertions, les duplications et les transpositions peuvent résulter de mauvais appariements entre certains chromosomes homologues (crossing-over inégaux) aboutissant à des régions génomiques de structure et/ou de taille différentes.

II.1.2. Les différents polymorphismes

Les polymorphismes génétiques sont généralement classés en deux catégories : les polymorphismes classiques, détectables directement (ou indirectement dans le cas des groupes sanguins érythrocytaires) à partir des produits de l'expression génique et les polymorphismes moléculaires qui analysent directement la variation de l'ADN.

* Les *polymorphismes classiques* : Avant le développement de la génétique moléculaire, l'analyse des gènes (et des génotypes) était indirecte et limitée à un petit nombre de marqueurs. Ces derniers représentaient les produits des gènes, les protéines, dont une centaine était connue. Aujourd'hui de nombreux polymorphismes classiques sont étudiés. On les répertorie en quatre ensembles : les groupes sanguins (ABO, MNS, Rh, Duffy, Kidd…), les enzymes érythrocytaires (phosphoglucomutases, estérases…), les protéines sériques (haptoglobines, immunoglobulines…) et le système HLA (*Human Leucocyte Antigen*).

* Les *polymorphismes moléculaires* : Ils rassemblent tous les polymorphismes de la séquence même de l'ADN. Les avantages d'analyser les polymorphismes génétiques de l'ADN plutôt que ceux des produits de gènes sont divers :

1) Il y a plus d'informations génétiques dans la séquence ADN que dans la séquence protéique;

2) Il existe un plus grand nombre de polymorphismes génétiques ;

3) Les techniques d'analyse de biologie moléculaire sont souvent les mêmes quel que soit le segment d'ADN considéré ;

4) L'automatisation de ces techniques est plus facile, ce qui est d'un grand secours lorsque l'on doit analyser un grand nombre de marqueurs.

Les polymorphismes moléculaires concernent aussi bien le génome nucléaire que les génomes extranucléaires et touchent aussi bien la fraction codante que non codante de l'ADN. Dans le génome nucléaire humain, ils se situent aussi bien sur les autosomes que sur les chromosomes sexuels. On rencontre donc du polymorphisme au niveau de l'ADN mitochondrial, des autosomes, du chromosome X, du chromosome Y, etc. Entant que marqueurs moléculaires, ces polymorphismes ont bien prouvé leur importance dans plusieurs usages.

* Carte génétique, les marqueurs moléculaires sont utilisés depuis le début des années 90 pour construire des cartes génétiques. Un exemple bien connu est la première carte du génome humain établie avec plus de 5000 marqueurs microsatellites (Cohen et al, 1993) ;

* Empreinte génétique, les marqueurs de type microsatellite présentent l'intérêt d'avoir souvent un polymorphisme élevé. Un individu possède deux exemplaires de chaque marqueur, l'un transmis par son père et l'autre par sa mère. Si l'on analyse plusieurs régions microsatellites, la combinaison des paires de copies détectées permet de déterminer le génotype propre à chaque individu pour ces marqueurs, c'est ce que l'on appelle une empreinte génétique (Jeffreys et al, 1985a) et (Jeffreys et al, 1985b).

De tels marqueurs servent d'identifiants génétiques, pour différencier deux individus de la même population ou identifier des cadavres en médecine légale, ou encore pour effectuer des tests de paternité, (Gill et al, 1985);

* Génétique des populations, les marqueurs polymorphes permettent de tracer la propagation d'une caractéristique génétique dans les populations. Par exemple, des minisatellites hautement polymorphes ont permis de confirmer l'hypothèse de **Out of Africa**

dite encore **Eve l'africaine**, qui suppose que l'espèce humaine est originaire de l'Afrique et n'a peuplé le reste du monde que par la suite (Armour et al, 1996).

III. LA GENETIQUE DES POPULATIONS

III.1. Définition et objectifs

La génétique des populations s'efforce d'évaluer la diversité génétique et d'établir des lois décrivant dans le temps et dans l'espace le maintien ou la modulation de la variation génétique au sein d'une population. Elle vise donc à comprendre pourquoi et comment l'information génétique évolue au cours du temps au sein des espèces et des populations.

Les fondements de la génétique des populations reposent sur deux concepts : celui de la diversité génétique et celui de la population. Le point de départ de la discipline est la recherche de la variabilité génétique ou **polymorphisme** observable au niveau de divers loci géniques (allèles) dans une population donnée. L'étape suivante consiste à exprimer ce polymorphisme génétique par le calcul des fréquences (proportions) relatives des différents allèles dans la population. La comparaison des résultats obtenus sur la même population, entre différentes périodes chronologiques, procure des informations sur l'évolution de son patrimoine génétique, cette évolution se traduit par une variation (augmentation, diminution ou maintien) des fréquences alléliques. Par ailleurs, la comparaison génétique entre différentes populations permet ensuite d'apprécier et extrapoler les différences (ou les similitudes) observées sur l'histoire génétique de la population. Cette histoire génétique revient, dans la mesure du possible, à déterminer les origines génétiques des populations mais aussi à retracer leurs interactions au fil du temps (brassage matrimonial, flux migratoire).

Les modifications des fréquences alléliques sont non seulement liées au comportement même des individus constituant les populations (choix culturel, religieux, démographique, sanitaire, etc., du conjoint ; guerre) mais également à d'autres **forces évolutives** telles que: la mutation, la sélection naturelle et la dérive génétique.

III.2. L'équilibre de Hardy-Weinberg et les forces évolutives

Les modèles de génétique des populations retracent l'évolution de paramètres décrivant la population prise dans son ensemble. Ces paramètres sont abordés dans les études empiriques par le calcul de quantités (estimateurs) mesurées sur des échantillons représentatifs de la population. Le modèle théorique central de la génétique des populations a été décrit en 1908 par le mathématicien anglais G. Hardy et le médecin allemand W. Weinberg. Il est connu sous le nom « *d'équilibre de Hardy-Weinberg* ». Ce modèle correspond, sous certaines conditions, à un équilibre des fréquences génotypiques attendues dans une descendance, en fonction des fréquences alléliques parentales (Hardy 1908 ; Weinberg 1908). La description statistique de cette constance des fréquences d'une génération à l'autre est présentée dans *la partie II, chapitre 2*.

Bien que ses hypothèses soient des simplifications évidentes, le modèle de Hardy-Weinberg est d'une grande utilité. En effet, au niveau théorique il permet de dépister les facteurs pouvant modifier les constitutions génétiques des populations. En soulevant telle ou telle hypothèse on peut souligner les effets individuels ou combinés des différents facteurs susceptibles.

Quatre forces évolutives peuvent agir sur l'état d'équilibre de la population : **la** *mutation*, **la** *sélection*, **la** *migration* et **la** *dérive génétique*.

* La *mutation* est la principale source de la variabilité génétique. Elle désigne n'importe quel changement héréditaire, d'origine biologique, physique ou chimique, intervenu dans la séquence ADN.

* La *sélection* se traduit par une valeur sélective ou adaptative différente selon les génotypes. Ce principe de sélection, stipulant que certains génotypes sont plus aptes à survivre et à se reproduire dans un environnement donné, a été l'un des trois principes à la base de la théorie de l'évolution des espèces par sélection naturelle, présentée par Darwin en 1859 dans son célèbre ouvrage « L'origine des espèces » (Darwin 1859). Les deux autres principes étant le principe de variation (morphologique, physiologique…) des individus d'une même population et le principe de l'hérédité précisant que les jeunes ressemblent plus à leurs géniteurs qu'à des individus auxquels ils ne sont pas apparentés. En effet le polymorphisme génétique constitue un véritable capital adaptatif permettant la survie des individus et des populations. Par ailleurs, la sélection darwinienne tend à faire disparaître la diversité génétique intrapopulationnelle. Cependant, comme un allèle peut, selon les conditions, se trouver défavorable dans une population et favorable dans une autre, la sélection ne réduit pas forcément la diversité génétique intraspécifique : elle la limite à la diversité interpopulationnelle.

* La ***migration*** est l'occasion de tout échange génétique (transmission d'allèles) entre les populations. Elle modifie, bien évidemment, la fréquence des allèles dans les populations concernées et peut même conduire à une homogénéisation des fréquences alléliques entre les divers groupes (brassage). Son effet est d'autant plus fort que l'effectif immigrant est grand et que la différence de fréquences alléliques entre les deux populations est significative.

* La ***dérive génétique*** se produit par échantillonnage des gamètes à chaque génération, tous ne participant pas à la reproduction. La génération qui remplace celle qui l'a générée présente alors, du fait des hasards de la méiose et de la fécondation, des fréquences alléliques différentes. Cette fluctuation des fréquences est d'autant plus grande que la taille de la population est petite. Ainsi, dans les populations à effectif réduit, ces changements aléatoires peuvent entraîner une perte d'allèles. Au contraire, dans une population de grande taille, les fréquences alléliques varieront peu d'une génération à l'autre par l'effet du grand nombre de géniteurs potentiels. On peut même considérer qu'elles sont stables sur un temps assez court.

Un cas particulier de la dérive génétique est l'***effet fondateur***. L'effet fondateur se produit lorsqu'un petit groupe de personnes constitue le noyau fondateur d'une nouvelle population. Ce groupe migrant, porteur d'une petite fraction de la variation génétique totale de la population d'origine, peut induire une concentration de certains traits génétiques, favorables ou délétères, à l'intérieur d'une population. Les fréquences alléliques de cette nouvelle population sont alors différentes de celles de la population d'origine et peuvent même correspondre à la surreprésentation d'allèles initialement rares ou peu fréquents et responsables de certaines maladies génétique. Par exemple, suite à un effet fondateur, il existe une très forte prévalence d'hypercholestérolémie familiale chez les Tunisiens (Slimane et al, 1993 et 2002), ou encore une prévalence plus élevée de nombreuses maladies héréditaires

29

(dystrophie myotonique, dystrophie oculopharyngée,…) dans la population du nord-est du Québec (Heyer et Tremblay 1995 ; Yotova et al, 2005).

Bien que dans les populations humaines, les unions aléatoires soient en général la règle, certains écarts à la panmixie observés peuvent provenir d'unions préférentielles entre individus apparentés, comme c'est le cas pour l'homogamie, les subdivisions de populations, l'*endogamie* ou la *consanguinité*. Dans les populations, l'endogamie peut être la conséquence d'un confinement géographique, de certains mécanismes de reproductions ou de caractéristiques de comportement (culturelles, sociales). La consanguinité conduit à une baisse de l'hétérozygotie et donc à une perte de diversité génétique de la population (Talbi et al, 2007). De plus, en matière de santé publique, cette élévation de la probabilité d'homozygotie peut malheureusement accroître le risque de pathologie génétique récessive (albinisme, mucoviscidose, phénylcétonurie,…). Ce risque est d'autant plus grand dans les populations où la pratique des unions préférentielles entre apparentés est courante.

III.3. Concept de la population

Le concept de « population » n'est pas simple à cerner étant donné la diversité des définitions que l'on peut y attribuer. Néanmoins, toutes ces définitions décrivent la «population» comme un «ensemble» d'individus, défini sur la base de critères géographiques, temporels, biologiques, mathématiques…La définition d'une « population » semble dépendre du sujet de recherche proposé. La population représenterait, donc, un ensemble d'individus qui ont au moins une caractéristique commune présentant un intérêt pour le chercheur. Par conséquent, il n'y a donc pas de bonne ou de mauvaise définition d'une population, mais seulement un regroupement de sujets établi selon des critères préalablement choisis. Ainsi, la population en anthropologie biologique et en génétique des populations humaines, est définie comme étant « **un ensemble des êtres vivants des deux sexes, de tous âges, qui partagent un même territoire, qui échangent des conjoints, qui observent des règles communes de comportement social et qui ont, en conséquence, un patrimoine génétique commun** » (Crubézy et al, 2002). A l'échelle temporelle, ces populations pourront aussi bien être anciennes ou disparues (populations du passé) qu'actuelles (populations du présent).

Une fois les critères choisis et la population définie, l'étude de celle-ci peut se faire de deux manières qui dépendent de son effectif. En effet, l'étude est exhaustive lorsqu'il s'agit de population à faible effectif.

Par contre, si l'effectif de la population est important (ce qui est très souvent, voire systématiquement, le cas dans les populations humaines), l'étude ne peut être menée que sur un échantillon, qualitativement et quantitativement représentatif de la population. Il doit donc répondre aux mêmes critères que ceux employés pour définir la population d'origine et avoir un effectif suffisant.

Chapitre 3
Exploitation des polymorphismes génétiques en biologie moléculaire

I. LES EMPREINTES GENETIQUES

La génétique des populations et la génétique criminalistique se rejoignent au niveau du profil génétique de l'individu et font appels aux mêmes techniques. En effet la génétique criminalistique a débuté il y a plus d'un siècle lorsque Karl Landsteiner a appliqué sa découverte des polymorphismes des groupes sanguins ABO chez l'homme à la résolution de crimes (Landsteiner et al, 1900). Jusqu'aux années 1980, des méthodes sérologiques (Mourant et al, 1976) et d'électrophorèse de protéines (Harris et al, 1976) étaient utilisées pour accéder aux polymorphismes des groupes sanguins et des groupes sécréteurs. Le principal désavantage de ces marqueurs était leur dégradation rapide, ainsi que leur sensibilité aux enzymes et à la contamination bactérienne menant à des faux positifs sa n'empêche que se sont des bons marqueurs pour les études populationnelles. Une faible variabilité est détectée lors de l'analyse de huit systèmes de groupes sécréteurs à partir d'une tache de sang. Ces "profils d'expression" permettent d'obtenir une probabilité d'identité (*probability of match*, pM), c'est à dire une probabilité que deux personnes sans lien de parenté partagent la même combinaison, variant entre 10^{-3} et 10^{-2}. Cette probabilité augmente lorsque l'analyse porte sur différents tissus humains puisque les groupes sécréteurs ne permettent l'analyse que de cellules dans lesquelles ils sont exprimés. Cependant, ces techniques permettaient des exclusions rapides.

En 1985, l'analyse d'ADN est introduite en criminalistique sous la forme dite "Empreintes génétiques" suite à la découverte de séquences répétitives hautement polymorphes (Jeffreys et al, 1985a). En effet, Contrairement à l'ADN codant, la partie non-codante du génome n'est pas soumise à la forte pression de sélection ce qui permet aux mutations qui y surviennent d'être conservées et transmises à la descendance. Ces régions où l'on rencontre une forte variabilité sont très informatives pour la génétique criminalistique tout en étant phénotypiquement neutres. Plusieurs types de polymorphismes de l'ADN ont été utilises comme marqueurs du génétique, chacun révélant un niveau différent de variabilité.

I.1. Polymorphisme de longueur des fragments de restriction

Le polymorphisme de longueur des fragments de restriction ou RFLP (Restriction Fragment Length Polymorphism) résulte de variations individuelles de la localisation de sites de restriction pour une enzyme donnée. Il peut être dû soit à une création ou une suppression d'un site de restriction en relation avec une mutation soit à une variation de distance entre deux sites suite à une insertion ou une délétion d'ADN. Ces polymorphismes sont révélés par la méthode du Southern blot (Southern, 1979) après digestion enzymatique (généralement par HinfI en Europe et par HaeIII aux Etats Unis) de l'ADN extrait afin d'observer, grâce à leur reconnaissance par une sonde marquée, des fragments différant par leur longueur (Botstein et al, 1980 ; Wyman et White, 1980).

I.2. Polymorphisme de répétition

Environ 30% de la partie non codante du génome humain est constituée de séquences répétées. Le polymorphisme de répétition est créé par des séquences courtes (dites séquences noyau ou motif de base), non codantes, répétées de manière juxtaposée. Ces séquences montrent une très grande variabilité dans le nombre de répétitions dites en tandem et sont transmises de façon stable selon les lois mendéliennes. Selon la structure et le nombre de répétitions du motif de base formant le polymorphisme, on distingue les minisatellites et les microsatellites.

I.2.1. Minisatellites

La découverte des minisatellites par Alec Jeffreys en 1985 (Jeffreys et al, 1985a) a révolutionné l'utilisation de l'ADN en matière d'identification et de filiation. Le motif de base de ces marqueurs, également appelés VNTR (Variable Number of Tandem Repeats) (Nakamura et al, 1987), compte entre 9 et 100 pb. Il est réitéré entre deux et quelques centaines de fois à chaque locus (Tautz, 1989 ; 1993) générant, ainsi, des fragments de 500 pb à 20 kpb de taille. Les minisatellites se trouvent plus fréquemment dans les régions subtélomériques des chromosomes (Royle et al, 1988 ; Amarger et al, 1998) et leur variabilité semble être liée à des recombinaisons méiotiques ("crossing-over") inégales et des conversions génétiques (Jeffreys et al, 1994 ; Jeffreys et al, 1998).

I.2.1.1. Les sondes multiloculaires

Les VNTR étaient en premier lieu détectés par hybridation de sondes constituées de répétitions de la séquence noyau à l'ADN génomique transféré sur membrane après restriction enzymatique (technique Southern blot). Les séquences noyau partagées par différents loci minisatellites permettaient la détection simultanée de nombreux minisatellites, produisant ainsi des combinaisons hypervariables de multiples bandes appelées empreintes ADN. Les deux sondes multiloculaires 33.6 et 33.15 ont été décrites en premier et sont les plus utilisées (Jeffreys et al, 1985b ; 1985c ; Gill et al, 1985). Chacune de ces sondes permet de détecter typiquement 17 fragments par personne variant de 3,5 à plus de 20 kpb. Les deux sondes permettent la détection de différents fragments d'ADN se chevauchant sur 1% seulement (Jeffreys et al, 1986).

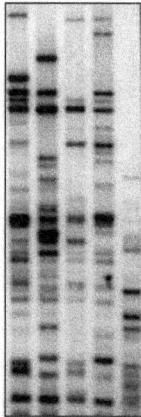

Une sonde multilocus s'hybride avec plusieurs loci dont la séquence ne diffère que peu (de l'ordre de 5% de différence). On peut ainsi mettre en évidence des bandes anonymes (non identifiées sur les chromosomes)qui sont des taille différente d'un in dividu à un autre. La figure obtenue est une empreinte génétique, spécifique d'un individu donné.

Figure 1 : Exemple d'un profil génétique en sonde multilocus

D'autres sondes multiloculaires (**figure 1**) ont été décrites par la suite en raison de la très grande variabilité de la structure du motif de base. En effet, il a été montré que quasiment toute sonde à séquence répétée en tandem, permet, dans une certaine mesure, de détecter de multiples fragments variables d'ADN (Vergnaud, 1989). Les sondes multiloculaires les plus efficaces comportent un fort pourcentage de guanine et sont similaires à la séquence noyau des sondes de Jeffreys. L'utilisation de deux sondes, complémentaires de deux types de séquences noyau, permet d'obtenir une empreinte ADN partagée uniquement par les jumeaux monozygotes (Jeffreys et al, 1991).

Les analyses par sondes multiloculaires nécessitent 500 ng d'ADN pour obtenir un profil génétique aisément interprétable (Ludes et Mangin, 1992). Leur efficacité se trouve limitée lors de l'interprétation d'empreintes incomplètes résultant d'une dégradation partielle ou d'une faible quantité d'ADN et lors de comparaisons de différentes autoradiographies montrant de subtiles variations de stringence d'hybridation de la sonde. L'interprétation est impossible dans le cadre d'analyse d'échantillons contenant l'ADN de plus d'un contributeur. De plus, cette méthode est très sensible aux contaminations par des microorganismes puisque les motifs de base des sondes multiloculaires permettent de détecter des séquences de génomes bactériens, notamment celui d'Escherichia coli.

Les empreintes génétiques fournissent un "phénotype de l'ADN" et non le génotype, ce qui rend les informations sur les loci polymorphiques et les allèles inaccessibles. Ainsi, dans le cas de tests de paternité, la survenue de mutations dans les lignées germinales induit l'apparition de nouveaux fragments. Ceux-ci ne pouvant pas être attribuées aux parents véritables, la comparaison des empreintes révèle une exclusion apparente.

I.2.1.2. Les sondes uniloculaires

Alors que l'utilisation de sondes multiloculaires a persisté quelques années dans les tests de paternité, l'analyse génétique en criminalistique a rapidement opté pour l'utilisation de minisatellites spécifiques, les sondes uniloculaires (single locus probes, SLP) (Giusti et al, 1986 ; Kanter et al, 1986). Chaque SLP (**figure 2**) révèle un seul RFLP hautement polymorphe ce qui permet de déduire les informations génotypiques et simplifie grandement l'interprétation des empreintes obtenues. De multiples SLP ont été isolés et clonés (Nakamura et al, 1987 ; 1988 ; Wong et al, 1986 ; 1987).

Toutefois, le pouvoir d'incrimination pour chacune des sondes uniloculaires est plus faible que celui des sondes multiloculaires et il est nécessaire de réhybrider à plusieurs reprises les membranes de transfert. Les sondes permettant d'explorer des régions polymorphes recommandées pour l'identification des individus, ont été isolées et décrites en 1987 (Nakamura et al, 1987). Le locus le plus variable et le plus informatif est MS1 dont les allèles varient en taille entre 1 et 23 kpb. Par hybridation Southern blot il est possible de différencier deux allèles chez plus de 99% des individus. Les répétitions en tandem du motif noyau de 9 pb engendrent 2400 allèles tous représentés dans la population humaine (Wong et al, 1987 ; Smith et al, 1990).

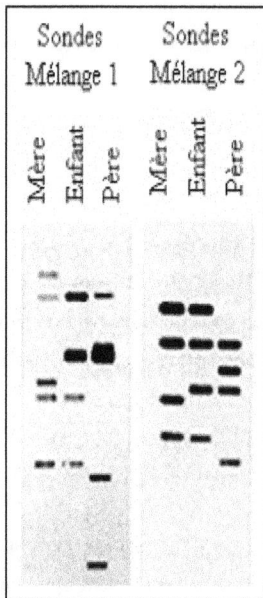

Contrairement à la figure précédente, on distingue quelques bandes clairement identifiables. Dans chaque cas 2 ou 3 sondes ont été mélangées. On peut vérifier que l'enfant ne possède que des bandes présentes chez au moins un de ses parents.

Figure 2 : Exemple d'un profil génétique en sonde monolocus

Le principal avantage de l'analyse SLP est l'énorme variabilité de certains minisatellites et la connaissance de leur taux de mutation. De même, l'analyse de mélanges d'ADN de plusieurs individus est possible. Cette méthode nécessite beaucoup de temps et d'ADN non dégradé (20 à 50 ng d'ADN génomique) (Ludes et Mangin, 1992).

I.2.1.3. Développement de la PCR

Les limites des technologies décrites ci-dessus sont essentiellement dues à la quantité minimale d'ADN "cible" nécessaire et l'absence de dégradation par des facteurs physiques et de contamination fongique ou bactérienne. Cependant, elles peuvent être contournées par l'amplification spécifique des régions informatives de l'ADN. La technique dite de Polymerase Chain Reaction (PCR) décrite en 1986 (Mullis et al, 1986) autorise l'analyse de quantités minimes d'ADN même dégradé. En effet, cette technique permet à chaque cycle thermique, comportant la dénaturation, l'hybridation et l'élongation, la synthèse spécifique *de novo* du fragment flanqué par les amorces, par leur extension simultanée sur les deux brins complémentaires *in vitro*. Ainsi, à partir d'une molécule d'ADN, en 20 à 25 cycles de PCR, sont théoriquement formées 220 à 225 copies, si l'efficacité de la réaction atteint 100%. La PCR est aujourd'hui à la base des profils génétiques. Les premiers systèmes d'identification génétique basés sur la PCR étaient couplés aux sondes SSO (Sequence Specific Oligonucleotide) (Conner et al, 1983) et avaient pour cible un faible nombre de polymorphismes ponctuels dans le gène HLA DQ alpha (Saiki et al, 1986 ; Helmuth et al, 1990). Ces systèmes étaient utiles lorsque la technologie SLP ne permettait pas de conclure mais étaient de pouvoir discriminant très faibles et difficilement interprétables dans les cas de mélanges. Ainsi pendant une période, les tests PCR et SLP étaient faits en parallèle et ce jusqu'au développement de l'amplification des minisatellites (Jeffreys et al, 1988 ; Boerwinkle et al, 1989). C'est la découverte des microsatellites couplée au développement du séquençage qui a conduit aux puissants systèmes d'identification dont nous disposons aujourd'hui.

I.2.2. Microsatellites

Le motif de base des microsatellites ou STR (**figure 3**), compte entre 2 et 6 pb et est réitéré entre deux et environ cinquante fois à chaque locus (Litt et Luty, 1989 ; Tautz, 1989) générant des allèles variant en taille entre 50 et 500 pb. Contrairement aux minisatellites, les STR ont une distribution plutôt uniforme sur le génome avec la présence d'un locus toutes les 6 à 10 kpb (Beckman et Weber, 1992). Leur variabilité semble principalement liée à des dérapages de réplication (Di Rienzo et al, 1994). La structure des STR peut être simple ou complexe (Urquhart et al, 1994 ; Lazaruk et al, 2001). Les STR complexes montrent une grande variabilité et sont de ce fait plus informatifs, alors que les STR simples permettent une standardisation facile et montrent un taux de mutation plus faible. Les taux de mutation des STR sont très variables (Asicioglu et al, 2004 ; Leopoldino et Pena, 2003) et dépendent principalement de la structure et la longueur du marqueur (Brinkmann et al, 1998).

Les microsatellites dont la séquence noyau est un dinucléotide, sont les plus fréquents dans le génome humain mais leur analyse basée sur la PCR est la moins adaptée à l'identification génétique. En effet, des dérapages, analogues à ceux survenant lors de la réplication in vivo, surviennent lors de l'amplification in vitro de dinucléotides répétés en tandem provoquant l'apparition de sous-produits artéfactuels appelés stutters ou pics de "bégaiement" de la polymérase (Hauge et Litt, 1993 ; Litt et al, 1993). Ces produits correspondent en taille à des allèles réduits le plus souvent d'une ou de deux répétitions par rapport à l'allèle réel. Les stutters apparaissent moins fréquemment lors de l'analyse de tétra ou pentanucléotides, ce qui les rend plus appropriés aux applications médico-légales. La réduction de la proportion des *stutters* est cruciale pour l'analyse de mélanges d'ADN de plusieurs individus. D'autres facteurs de validation entrent dans la sélection des STR pour l'identification génétique parmi lesquels l'absence d'autres produits artéfactuels, la robustesse de l'analyse du marqueur et en particulier la taille et la possibilité d'analyse simultanée avec d'autres marqueurs. En effet, ces derniers critères sont cruciaux lors de l'analyse d'ADN dégradé ou en très faible quantité.

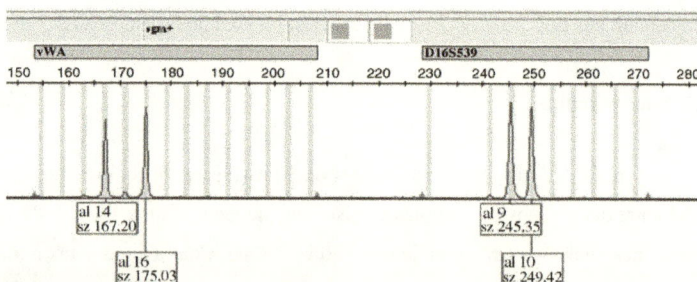

Figure 3 : Exemple d'un profil génétique étudiant le polymorphisme des STR des autosomes sur deux loci vWA et D16S539

Notes : - Les deux pics correspondent aux deux allèles.
*   -Les chiffres indiquent le nombre de répétition et la taille en paire de bases (exemple : al 14 et size 167,20 pour 14 répétitions et 167,2 paires de bases).*

Aujourd'hui, les microsatellites sont détectés par amplification PCR grâce à des amorces marquées par des fluorophores et analysés par électrophorèse capillaire automatique. Les kits commercialement disponibles permettent l'analyse entièrement automatisée et simultanée de 15 marqueurs ainsi que celle du gène de l'amélogénine afin de révéler le sexe de la personne à l'origine de l'échantillon (Akane et al, 1992 ; Sullivan et al, 1993). Le pouvoir discriminant de ces profils génétiques est très fort avec la probabilité pM que deux personnes prises au hasard partagent les mêmes allèles inférieure à 10^{-15} (Pascal, 1998).

1.2.2.1. Modèles génétiques descriptifs de l'évolution des microsatellites

Trois modèles mutationnels sont actuellement proposés pour décrire l'évolution du polymorphisme STR :

* Le modèle des **« allèles infinis »** (Infinite Allele Model, IAM) (Kimura et Crow 1964) : dans ce modèle mutationnel tout nombre de répétitions en tandem peut évoluer mais aura toujours comme résultat l'apparition d'un nouvel allèle n'existant pas encore dans la population. Ce mécanisme n'induit la plupart du temps que de petits changements du nombre de répétition. Ainsi deux allèles de longueurs plus ou moins similaires seront plus étroitement apparentés que des allèles de tailles complètement différentes.

* Le modèle **« K allèles »** (K-Allele Model, KAM) (Crow et Kimura 1970) : sous ce modèle, il y a K possibles états alléliques, et n'importe quel allèle à une probabilité constante de muter vers n'importe quel état K-1 déjà existant. En raison des contraintes de taille agissant sur les loci microsatellites, ce modèle semble être plus réaliste que celui précédemment décrit.

* Le modèle **« stepwise mutation »** (Stepwise Mutation Model, SMM) : ce modèle est largement reconnu actuellement pour décrire au mieux le processus mutationnel évolutif des STRs. Il suppose que le phénomène se produit lors de la réplication de l'ADN (processus de duplication de l'ADN avant chaque division cellulaire de mitose ou de méiose), probablement à cause d'un dérapage de l'ADN polymérase (Tautz et Schlotterer 1994). Cette enzyme glisse sur les motifs répétés et dérape en introduisant des erreurs de synthèse nucléotidique. De plus, ces régions n'étant pas codantes, les mécanismes de réparation sont plus souples et ainsi aucune contrainte sélective n'élimine le variant.

Décrit pour la première fois en 1978 comme un modèle « simple step » (Kimura et Ohta 1978), le SMM propose que l'évolution des séquences des microsatellites se produise par des changements (ajout ou suppression) d'une seule unité de répétition à la fois. Reprenant certaines formulations des modèles IAM et KAM, il propose, ainsi, que des allèles de tailles semblables seront évolutivement plus proches que des allèles de tailles très différentes et que le processus mutationnel ne conduira pas forcément à l'apparition de nouveaux allèles, certains allèles pouvant muter vers des états déjà présents dans la population. Un autre mécanisme du SMM a été décrit en 1994 : le modèle « biphasique » (Di Rienzo et al. 1994). Celui-ci propose qu'au cours de la réplication de l'ADN, les événements mutationnels « simple step » peuvent être associés à des recombinaisons « illégitimes » entre séquences très semblables mais non homologues. Ces séquences favorisent l'apparition de mésappariement ADN et conduisent à des crossing-over inégaux d'autant plus fréquents que le nombre de répétitions est grand (Levinson et Gutman 1987 ; Eisen 1999). Ceci aboutit alors à l'élimination d'unités répétitives sur l'un des chromosomes et à leur addition sur l'autre chromosome. La conséquence de ce mécanisme sera donc une variation de longueur des allèles de plus d'une unité de répétition.

Les allèles des microsatellites sont désignés par le nombre de répétitions du motif nucléotidique qui les compose (Exemple de l'allèle « 5 » du gène codant les 5 répétitions du microsatellite de la figure 5). De plus, le génome nucléaire étant diploïde, les STRs autosomaux permettent de déterminer, pour chaque locus analysé, un couple d'allèles (l'un hérité du père et l'autre de la mère) et ainsi de définir le caractère homozygote ou hétérozygote de l'individu à ce locus.

1.2.2.2. Domaines d'application

Les avantages des STRs font de ces marqueurs des outils hautement informatifs qui ont montré toute leur utilité dans diverses disciplines.

a- Médecine

Les microsatellites ont de nombreuses applications médicales telles que la détermination des empreintes génétiques, la cartographie des gènes et des génomes, ou encore le diagnostic de certaines maladies.

La technique de détermination des empreintes génétiques a été mise au point par un généticien britannique, Alec Jeffreys, en 1985. Elle consiste à établir le profil ADN d'un individu à partir de ces séquences répétées hautement variables situées dans la partie non codante du génome : les microsatellites. Chaque individu a son propre ADN, hérité pour 50 % de sa mère et 50 % de son père et son identité génétique provient des multiples combinaisons possibles des empreintes génétiques de ses deux parents. A l'exception des vrais jumeaux, la probabilité pour que deux êtres aient la même empreinte génétique est quasiment nulle.

L'établissement d'une empreinte génétique consiste donc à définir le « profil STR » de l'individu, c'est à dire à rechercher les allèles (définis par le nombre de répétitions du motif définissant le STR) présents à divers loci. Plus le nombre de loci analysés est grand, plus la « carte d'identité génétique » du sujet est précise.

En raison de l'importante complexité des génomes, les microsatellites sont aussi utilisés pour la construction de cartes (génétiques et physiques) permettant de se repérer le long des chromosomes. Ils ont notamment permis l'établissement de la carte génétique du génome humain (Cohen et al, 1993). Cette carte a dès lors été intensément exploitée pour cartographier de nombreux gènes responsables ou impliqués dans les quelques 3000 maladies génétiques répertoriées chez l'homme. Un exemple d'utilisation de la cartographie physique est illustré par le projet Génome Humain lancé en 1987 par le NIH (National Institute of Health) avec pour objectif le séquençage total du génome humain. Une première ébauche de la séquence du génome humain a été publiée avec éclat en juin 2000 (Lander et al, 2001) et son annotation s'est achevée en avril 2003.

La plupart des microsatellites sont décrits comme des marqueurs neutres, c'est-à-dire qu'ils n'ont pas de fonction particulière dans le génome. Mais il existe aussi des trinucléotides répétés dans un certain nombre de gènes et qui seraient à l'origine de mutations dynamiques responsables de diverses pathologies. En effet, au dessus d'une certaine longueur critique, les répétitions sont instables au cours de la mitose et de la méiose et ne sont pratiquement jamais transmises sans modifications à la descendance : des extensions ou des délétions peuvent apparaître, en fonction de la longueur de la répétition et du sexe du parent. Quelques exemples de maladie : le X fragile (répétition du triplet CGG en amont du gène FMR1 situé sur le chromosome sexuel X, La Spada et al. 1991) ; la dystrophie myotonique de Steinert (répétition du triplet CTG près d'un gène codant une kinase sur le chromosome 19, Mulley *et al.* 1991) ; la Chorée de Huntington (répétition du triplet CAG en amont du gène codant la protéine « hungtintine » sur le chromosome 14, Weber *et al.* 1992) ; la maladie de Machado- Joseph (expansion anormale du triplet CAG près du gène 3 de l'ataxine sur le chromosome 14, Maruyama *et al.* 1995) ; le cancer de la prostate (observation d'une diminution des répétitions CAG et GGC au niveau du gène du récepteur aux androgènes sur le chromosome X , Esteban *et al.* 2006).

b- Médecine légale

Les analyses STRs médico-légales sont basées essentiellement sur la détermination des empreintes génétiques. L'un des principaux atouts de la technique est la possibilité d'effectuer un examen du profil ADN d'un sujet à partir de n'importe quel produit biologique (s'il contient suffisamment de cellules) et sur des échantillons de taille minuscule. Ainsi, l'identification d'un individu (mort ou vivant) peut être réalisée à partir de gouttes de sang, de salive, de traces de sperme, de traces de sueur, de follicules pileux, de fragments de peau, etc...

Ces profils génétiques peuvent être utilisés pour déterminer le nombre et l'identité des personnes en jeu (victimes et coupables) dans une scène de crime, pour incriminer un suspect ou disculper un condamné, pour constituer des archives qui permettront de détecter les récidivistes ou dans des cas juridiques de recherche de parentalité ou de liens familiaux. Au Maroc, les services de police judiciaire de la Gendarmerie Royal ont fait appel pour la première fois à la technique des empreintes génétiques au 1997.

c- Etudes anthropologiques

La détection à partir d'une très faible quantité d'ADN, même dégradé, est un réel avantage dans les études paléoanthropologiques. En effet, les STRs permettent à la fois de définir les profils d'individus inhumés dans un même cimetière (nécropole) mais aussi de retracer leurs éventuels liens de parenté. Ces informations peuvent parfois même être utiles pour comprendre les stratégies d'inhumation employées. En parallèle, l'amplification du locus de l'amélogénine permet d'affirmer le sexe génétique des individus et ainsi de confirmer (ou d'infirmer) les résultats obtenus avec des techniques anatomiques classiques de détermination du sexe.

Peu d'investigations génétiques à l'aide de marqueurs STR ont été réalisées sur des populations anciennes. (Hauswirth et al, 1994) ont amplifié le locus autosomal APO-A2 sur 6 individus d'une population humaine datant de 7000 à 8000 ans. Leurs travaux ont permis de démontrer la persistance de l'ADN nucléaire dans des restes anciens. Zierdt et al, (1996) ont amplifié le STR vWA à partir de 72 individus issus d'un cimetière médiéval (Vème-VIIIème siècle) et ont démontré que la distribution allélique de ce marqueur ne différait pas de celle des populations contemporaines. L'équipe du Professeur B. Ludes (Institut de Médecine Légale, Laboratoire d'Anthropologie Moléculaire, Strasbourg) a été la première à illustrer la possibilité d'étudier, sur des bases génétiques, le recrutement et l'organisation d'un ensemble funéraire et à retracer des relations de parenté entre les individus inhumés. De nombreux travaux ont été publiés. Les plus récents portent sur des restes osseux bien conservés dans des tombes gelées du nord de la Mongolie (Keyser-Tracqui et al, 2006) et du nord-est de la Sibérie (Ricaut et al, 2005 ; Ricaut et al, 2006).

Pour les populations actuelles, les analyses des microsatellites permettent de décrire la structure et les liens de parenté génétiques entre les divers groupes humains. En termes de reconstructions phylogénétiques, la comparaison des populations mondiales contribue à l'étude des processus évolutifs de l'espèce humaine. Le polymorphisme allélique d'un STR est non seulement une conséquence de son propre processus de mutation, mais il dépend également de l'histoire démographique de la population étudiée. La variation allélique d'un microsatellite peut alors être employée pour retracer les effets dynamiques et démographiques survenus à chaque locus. Il est possible de différencier l'influence de ces deux facteurs par ce que les événements démographiques laissent leurs empreintes sur le génome entier (avec un effet semblable sur les différents loci), alors que les facteurs dynamiques gène-spécifiques affectent la variabilité seulement dans une région génétique unique (et sont détectés en tant que caractéristiques spécifiques d'un seul locus). Ainsi, si on considère simultanément plusieurs loci indépendants répartis sur l'ensemble du génome, on obtient un aperçu de la tendance évolutive globale du génome humain.

Diverses études ont été publiées sur de nombreux microsatellites pour retracer l'histoire évolutive de l'Homme moderne (Bowcock et al, 1994, Barbujani et al, 1997 ; Goldstein et al, 1995 ; Goldstein et Pollock 1997 ; Jorde et al, 1997 ; Mountain et Cavalli-Sforza 1997 ; Relethford et Jord, 1999 ; Ayub et al, 2003). Ces travaux réalisés sur des populations mondiales présentent des reconstructions phylogénétiques montrant la plus grande différenciation génétique entre les groupes africains (sub-sahariens) et les autres populations du globe. L'étude de Goldstein (Goldstein et al, 1995) sur 30 microsatellites estime la date de cette divergence entre les populations africaines et non-africaines à 156 000 ans. (Ayub et al, 2003) introduisent une composante linguistique à leur analyse de 182 microsatellites et suggèrent que les relations génétiques entre les populations humaines sont préférentiellement dictées par leur proximité géographique plutôt que par leur proximité linguistique.

I.3. Les marqueurs haplotypiques

Les marqueurs autosomaux subissent un brassage génétique à chaque génération puisqu'ils sont transmis de manière biparentale. Ainsi, la moitié de l'information génétique d'un individu lui vient de son père et l'autre moitié de sa mère. Les marqueurs uniparentaux, c'est-à-dire ceux situés sur le chromosome Y et sur l'ADN mitochondrial, sont transmis d'une génération à l'autre sans changement sauf dans le cas de mutations. Les marqueurs de l'ADN mitochondrial, transmis de mère en enfant, permettent de retracer les lignées maternelles (Oota et al, 1995) et ceux du chromosome Y, transmis de père en fils, les lignées paternelles (Schultes et al, 1999). Cette caractéristique rend les marqueurs moins informatifs pour l'identification individuelle. L'information génétique de chaque marqueur uniparental est appelée haplotype au lieu de génotype puisqu'un seul allèle est détecté par individu.

I.3.1. Marqueurs du chromosome Y

Le premier microsatellite polymorphique du chromosome Y, aujourd'hui nommé DYS19, a été décrit en 1992 (Roewer et Epplen, 1992). Depuis, des centaines de marqueurs polymorphiques ont été décrits comme résultat direct de la disponibilité des informations de séquence du Projet du Génome Humain (Human Genome Project) et des avancements des outils bioinformatiques pour l'exploitation des banques de données de séquences (Ayub et al, 2000). En 1997, une communauté scientifique européenne a établi un ensemble de 9 microsatellites du chromosome Y définissant l'haplotype "minimal" et des marqueurs supplémentaires créant l'haplotype "étendu" (Kayser et al, 1997 ; Roewer et al, 2001). En 2003, la communauté scientifique américaine (Scientific Working Group on DNA Analysis Methods, SWGDAM) a défini l'haplotype minimal incluant les 9 loci "européens" et 2 autres marqueurs, qui font partie des kits pour application en criminalistique commercialement disponibles aujourd'hui.

Les marqueurs bialléliques tels que les polymorphismes d'un seul nucléotide (Single Nucleotide Polymorphisms, SNP) ou les petites insertions ou délétions (indels) représentent une autre classe importante des marqueurs du chromosome Y. On se réfère parfois à ces marqueurs en les nommant les polymorphismes d'événement unique car leur taux de mutation est beaucoup plus faible que celui des STR ($\sim 10^{-8}$ contre $\sim 10^{-3}$ mutations par génération) (Kayser et al, 2000 ; Kayser et Sajantila, 2001). Le premier marqueur biallélique du chromosome Y a été décrit en 1994 (Hammer, 1994). L'utilisation de la chromatographie liquide à haute pression en condition dénaturante (DHPLC) par le groupe de Underhill a permis la disponibilité d'information sur plusieurs centaines de SNP du chromosome Y (Underhill et al, 2001 ; Y-chromosome Consortium, 2002).

L'étude du chromosome Y présente deux avantages principaux : la spécificité de l'ADN masculin lors de l'analyse de mélanges d'ADN et la possibilité de suivre les lignées paternelles. Outre dans les recherches médicales comme celle de l'origine de l'infertilité masculine (Carvalho et al, 2003), les marqueurs du chromosome Y peuvent être utilisés pour de nombreuses applications telles que :

- L'analyse criminalistique d'indices dans le cadre d'agressions sexuelles (Sibille et al, 2002 ; Parson et al, 2003) en permettant l'amplification spécifique de l'ADN masculin. Ceci peut éviter les extractions différentielles pour séparer les spermatozoïdes des cellules épithéliales ainsi que le masquage du profil masculin par le profil féminin ;

- La recherche de personnes disparues pour lesquelles tout parent de lignée paternelle peut être utilisé comme échantillon de référence (Dettlaff-Kakol et Pawlowski 2002 ; Koyama et al, 2002) ;

- Les tests de paternité déficiente pour relier les enfants masculins à une lignée paternelle (Santos et al, 1993 ; Jobling et al, 1997 ; Rolf et al, 2001) ;

- Les études d'évolution et de migrations humaines, car l'absence de recombinaisons (région non recombinante du chromosome Y, Non recombining region of the Y chromosome, NRY) permet la comparaison d'individus masculins séparés par de longues périodes de temps (Underhill et al., 2001 ; Ke et al., 2001 ; Keyser-Tracqui et al., 2003) ;

- Les recherches historiques ou généalogiques puisque dans la majorité des sociétés le nom de famille se transmet de père en fils (Foster et al., 1998 ; Jobling, 2001, Sykes et Irven, 2000; Trumme et al., 2004). Pour tous les marqueurs uniparentaux, l'interprétation statistique est plus compliquée et des corrections appropriées tenant compte des sous-populations et des erreurs d'échantillonnage sont nécessaires (Roewer et al., 2000 ; Roewer et al., 2001)

I.3.2. L'ADN mitochondrial

La majorité du génome humain est contenue dans le noyau de la cellule. Cependant, les mitochondries, des organites cytoplasmiques qui fournissent l'énergie à la cellule, contiennent un petit génome circulaire ou chondrome de 16569 pb (Figure 4), portant 37 gènes codant pour des protéines impliquées dans le processus de la phosphorylation oxydative (Anderson et al, 1981 ; Andrews et al, 1999). Chaque cellule contient plusieurs mitochondries contenant chacune plusieurs copies du chondrome. De ce fait, chaque cellule somatique comporte entre environ 200 et 1700 copies d'ADN mitochondrial (ADNmt) selon le type de tissus (Holland et Parsons, 1999). Ainsi, suite à la mort cellulaire, il est plus probable de mettre en évidence une information issue de l'ADNmt, que celle contenue dans l'ADN nucléaire. L'analyse de l'ADNmt est une méthode efficace pour l'étude d'ossements, d'échantillons anciens contenant de l'ADN dégradé et particulièrement des tiges des cheveux ne contenant pas de bulbe (Holland et Parsons, 1999 ; Budowle et al, 2003).

Le chondrome humain a été séquencé en 1981 (Anderson et al, 1981). Cette séquence (Genbank accession M63933) est aujourd'hui utilisée comme référence à laquelle est comparée toute nouvelle séquence d'ADNmt (Andrews et al, 1999). La région contrôle, connue sous le nom de D-loop (displacement loop), présente un degré de variation inter-individus relativement important, rendant son analyse utile pour l'identification individuelle (Tableau 3).

De plus, le taux de mutation de l'ADNmt est de 5 à 10 fois supérieures à celui de l'ADN génomique. La méthode la plus répandue consiste en l'amplification par PCR puis le séquençage d'environ 610 pb sur deux segments qui sont particulièrement polymorphes, les régions hypervariables I et II (HVI et HVII). Il a été estimé qu'environ 1 à 3% des nucléotides disséminés sur HVI et HVII varient entre deux individus sans lien de parenté (Butler et Levin, 1998 ; Kogelnik et al, 1996 ; Brandon et al, 2005).

L'analyse de SNP situés en dehors de ces régions augmente le pouvoir discriminant de l'ADNmt (Vallone et al, 2004 ; Coble et al, 2004 ; Niederstatter et al, 2005 ; Divne et Allen, 2005). Dans le cas de l'ADNmt, la pM moyenne étant élevée (d'environ 0,005 à 0,025) (Budowle et al., 1999), il est préférable d'évaluer la signifiance d'une identité par la méthode de comptage (Parson et al., 2004) en examinant le nombre de fois où une séquence est observée dans une base de données spécifique d'une population.

L'ADN mitochondrial présente les caractéristiques suivantes :
- Absence de recombinaison : les marqueurs (quasiment tous SNP mais aussi variant de longueur tels les stretch de C) n'ont pas une ségrégation indépendante ce qui réduit la diversité (Comas et al, 2004) ;
- Transmission uniparentale (par la mère) : tous les membres d'une lignée maternelle partagent le même haplotype ;

- Fréquences élevées de certains haplogroupes dans certaines populations (Richards et Macaulay, 2001 ; Comas et al, 2004) ;

- Présence d'hétéroplasmies, en proportion plus ou moins importante : différentes séquences peuvent être trouvées dans les cheveux ou tissus d'une personne voire même dans des parties différentes d'un même cheveu ce qui rend l'interprétation des résultats compliquée (Tully et al, 2004 ; Grzybowski, 2000 ; Grzybowski et al, 2003). Les mutations qui distinguent les types hétéroplasmiques sont particulièrement fréquentes à des sites particuliers appelés "*hot spots*" ce qui peut être incorporé à l'interprétation (Tully et al, 2001). Une hétéroplasmie partagée par deux échantillons peut être un avantage et augmenter le pouvoir discriminant de l'ADNmt (Ivanov et al, 1996).

Tableau 3 : Analyse du polymorphisme de l'ADN mitochondrial

	Positions nucléotidiques	rCRS	Nourrisson	Femme étudiée
HV1	16093	T	C	T
	16224	T	C	T
	16289	A	A	A
	16311	T	C	T
HV2	73	A	G	A
	263	A	G	G
	315	C	C	C

HV1 : Hypervariable 1
HV2 : Hypervariable 2
*rCRS : revised Cambridge Reference Sequence (**MITOMAP Human mtDNA**), révisée en 1991.*

*Source : Test de liaison maternelle réalisé en utilisant l'ADN mitochondrial au Laboratoire AFDIL (**Armed Forces DNA Identification Laboratory**).*

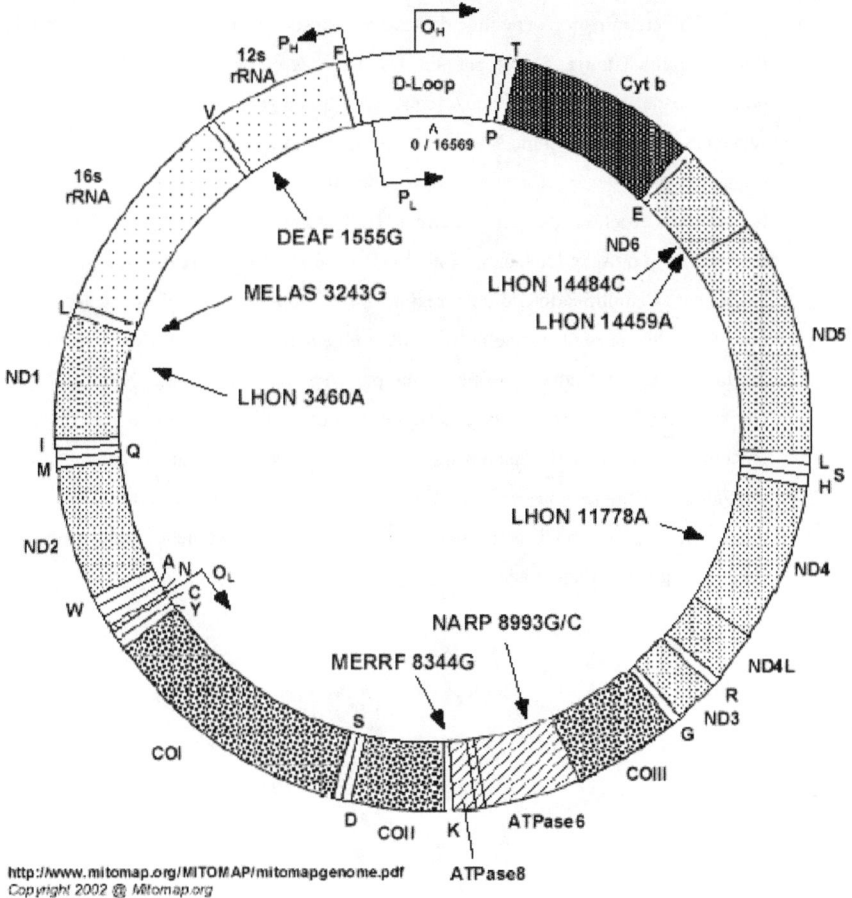

Figure 4 : Structure du génome mitochondrial humain.

Source : http://www.mitomap.org/MITOMAP/mitomapgenome.pdf

Note : D-Loop : Displacement Loop ou la région contrôle très variable (HVI et HVII), d'où l'intérêt du séquençage de toute la région contrôle pour son utilité en identification des individus, le reste de l'ADN mitochondrial (37 gènes) impliquées dans la phosphorylation oxydative dans la cellule.

I.4. L'amélogénine

La détermination génétique du sexe repose sur l'amplification d'une partie du gène de l'amélogénine **(figure 5)** présent sur les deux chromosomes sexuels X et Y avec une homologie de 90% entre les deux séquences homologues. Le gène de l'amélogénine a été séquencé sur le chromosome X et Y en 1991 (Nakahori et al, 1991a). Une différence entre les séquences présentes sur chacun des deux chromosomes, due à de nombreuses délétions dans les régions répétées du gène, permet l'utilisation du gène de l'amélogénine pour la détermination du sexe (Nakahori et al, 1991b). La méthode de sexage utilisée aujourd'hui est basée sur l'amplification d'une région du 1er intron, située en dehors des régions recombinantes, présentant une délétion de 6 pb sur le chromosome X (Sullivan et al, 1993). La taille des fragments amplifiés, 106 pb pour le chromosome X et 112 pb pour le chromosome Y, est parfaitement adaptée à l'étude d'échantillons tels qu'ils peuvent être rencontrés lors de l'identification médicolégale ou criminalistique et paléoanthropologique, c'est-à-dire dégradés ou en très faible quantité. Actuellement, les kits commerciaux d'amplification des STR autosomaux incluent systématiquement l'amplification de cette portion du gène de l'amélogénine.

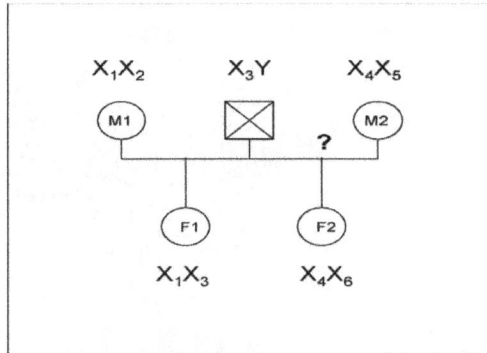

Figure 5 : Exemple d'un cas de recherche de paternité´ utilisant le polymorphisme du chromosome X

Note : L'homme testé n'est pas le père biologique de la fille F2 car elle ne possède pas le chromosome X du père présume´.

Chapitre 1
Echantillonnage et choix du matériel génétique

I. ECHANTILLONNAGE

I.1. Identification de la population ciblée

La définition d'un échantillon des arabophones de Rabat-Salé-Zemmour-Zaër (ARSZZ) est conforme aux critères de la population anthropologique. Elle tient, principalement, compte du contexte, temporel, géographique et culturel. La dimension temporelle donnée à la population ARSZZ évoque l'intervalle de temps écoulé depuis sa formation, jusqu'à nos jours. La population arabe globale est alors définie depuis une période très ancienne.

L'échantillon de population retenu pour les analyses génétiques est constitué de sujets contemporains vivants. Le critère géographique définissant le groupe arabophone de RSZZ correspond à leur répartition spatiale. Tous les individus vivent dans la région de RSZZ (Carte 7) et sont originaires de la région étudiée depuis au minimum trois générations. Le dernier critère de définition de nos échantillons est d'ordre culturel et plus précisément linguistique. Chaque population dite « Arabe » est constituée d'individus « parlant arabe ». Nous emploierons indifféremment les termes « arabe » ou « arabophone » mais sous-entendrons toujours la parenté linguistique entre les individus et les groupes.

I.2. Démarches empruntées

I.2.1. Pré-établissement de la fiche signalétique

Nous avions comme objectif d'identifier avec précision un échantillon exploitable et significatif de point de vue anthropologique. Avant d'entamer la collecte de l'échantillon, nous avons d'abord établi une fiche signalétique pour cerner les critères requis dans l'échantillonnage qui répond aux recommandations de HUGO (Annexe I). Sur cette fiche on a précisé l'identité de l'individu, son sexe, son lieu de naissance, sa langue, l'origine de ses parents, de ses grands-parents et de ses arrières grands-parents. Nous avons, par ailleurs, veillé à ce qu'il n'aura pas d'apparentement entre les individus participants.

I.2.2. Recrutement des individus

Seuls les individus arabophones originaires de la région de RSZZ et dont les parents, les grands-parents et les arrières grands-parents sont, également, originaires de cette région ont été inclus dans l'étude (Carte 7, tableau 4). En effet, lors du recrutement des individus nous effectuons un entretien préalable avec les individus pour vérifier leurs critères d'inclusion et obtenir leur consentement avant de les considérer comme des participants potentiels. La collecte a été faite dans les différentes communes de la région de RSZZ et les prélèvements sanguins ont été effectués dans les unités médicales les plus proches. Ainsi, de chaque individu nous avons prélevé 5ml de sang sur des tubes à EDTA. Au total 204 individus ont fait l'objet de la présente étude dont 102 sont des femmes (soit 50%).

Tableau 4 : Nombre et pourcentage des individus recrutés dans l'échantillon étudié par commune et par sexe.

Echantillon sanguin / Communes de RSZZ	Nombre d'individus		Pourcentage de l'échantillon	
	homme	femme	homme	femme
Skhirat-Temara	20	20	9,8%	9,8%
Aïn Aouda	20	20	9,8%	9,8%
Bouznika	20	20	9,8%	9,8%
Benslimane	20	20	9,8%	9,8%
Salé-Bouknadel	22	22	10,8%	10,8%
Total	102	102	50%	50%

RSZZ : Région de Rabat-Salé-Zemmour-Zaër

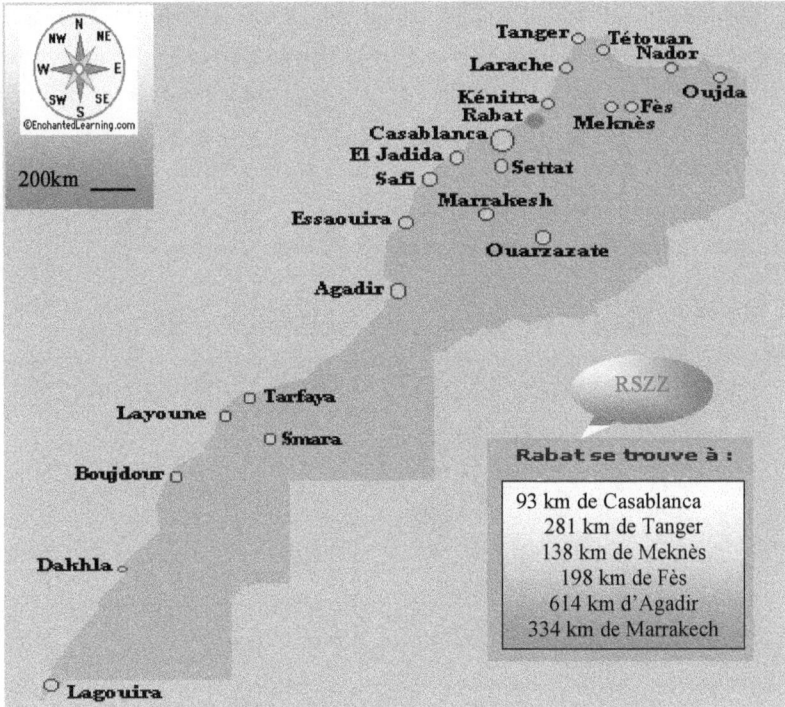

Carte 7 :L'emplacement géographique de notre échantillonnage

I.2. Echantillon bibliographique des populations pour l'étude comparative et phylogénétique

Lors du choix des populations mondiales déjà analysées (Tableau 5), nous avons ciblé les travaux ayant porté sur les fréquences alléliques des mêmes 15 STRs autosomaux du *kit Identifiler* : TPOX, D3S1358, FGA, D5S818, CSF1PO, D7S820, D8S1179, TH01, vWA, D13S317, D16S539, D18S51, D21S11, D2S1338 et D19S433.

Nous avons vu dans la partie I que les populations peuvent être définies selon divers critères : critère de nationalité, critère géographique, anthropologique, ethnique ou linguistique. Ces paramètres sont choisis en fonction du sujet de recherche et peuvent être combinés : par exemple, pour une population « arabe », nous définissons l'échantillon «arabe » comme un ensemble d'individus parlant l'arabe (critère linguistique), non apparentés et originaires depuis deux générations de la région Rabat-Salé-Zemmour-Zaër (critères généalogiques et géographiques). Lorsque l'on est amené à comparer ses échantillons avec les données de la littérature, il n'est pas évident de trouver des populations répondant entièrement aux critères préalablement fixés. Il faut donc établir une priorité à chacun des paramètres.

Tableau 5 : Les populations mondiales introduites dans l'étude

Populations		Effectifs	Références
Afrique du Nord	Berbères de Bouhria Maroc	104	*Coudray et al.2007*
	Berbères d'Asnie Maroc	105	
	Berbères de Siwa Egypte	98	
	Musulmans d'Egypte	99	
	Copts d'Adaima Egypte	100	
Afrique sub-saharienne	Guinée Equatorial	134	*Alves et al. 2005*
	Angola (Cabinda)	110	*Beleza et al. 2004*
	Mozambique	135-144	*Alves et al. 2004*
	Tutsi Rwanda	108-126	*Regueiro et al. 2004*
Moyen Orient	EAU (Dubai)	224	*Alshamali et al. 2005*
	Arabie Saoudite	94	
	Oman	79	
	Yémen	101	
	Iraq	103	*Barni et al. 2007*
	Iran	150	*Shepard et Herrara.2006*
Asie de l'Est	Inde	317	*Hima Bindu et al.2007*
	Bangladesh	127	*Dobashi et al. 2005*
	Chine	200	*Yang et al. 2005*
	Corée	231	*Kim et al.2003*
	Taiwan	597	*Wang et al. 2003*
	Thailande	210	*Rerkamnuaychoke et al. 2006*
Europe	Andalousie Espagne	114	*Coudray et al. 2007*
	Autochtones de l'Espagne	342	*Camacho et al. 2007*
	Belgique	100	*Decorte et al.2003*
	Belarusse	176	*Rebala et al. 2007*
	Macédonie	100	*Havas et al.2007*
Amérique Latine	Mexique	180	*Gorostiza et al. 2007*
	Porto Rico	205	*Zuniga et al. 2006*
	Costa Rica	191-500	*Rodriguez et al.2007*
	Venezuela	203	*Bernal et al. 2006*

Dans notre cas, le plus important est le critère géographique (primordialement la région d'origine). Ensuite, ces individus ne doivent pas être apparentés et l'effectif de l'échantillonnage doit être suffisant (au minimum 100 sujets) pour représenter au mieux la population de laquelle il est extrait (de même que pour une meilleure estimation des fréquences alléliques). Enfin, pour les groupes Nord-Africains, le critère linguistique a été, aussi, pris en compte (individus berbérophones ou arabophones).

Ainsi, nous avons établi une base de données STR « totale » rassemble les fréquences alléliques des 15 microsatellites des populations mondiales : **9 d'Afrique, 6 du Moyen Orient, 6 d'Asie de l'Est, 5 d'Europe, et 4 d'Amérique Latine (Tableau 5)**.

II. CHOIX DU MATERIEL GENETIQUE

II.1. Généralités sur les microsatellites

Les STRs sont constitués de petites séquences d'ADN répétées adjacentes (d'où leur nom de séquences répétées en tandem), la taille du motif pouvant varier de 2 (di-) à 6 (hexa-) nucléotides (Figure 6). Chaque microsatellite correspond à un locus particulier dans le génome et est parfaitement défini par les séquences uniques qui encadrent la répétition.

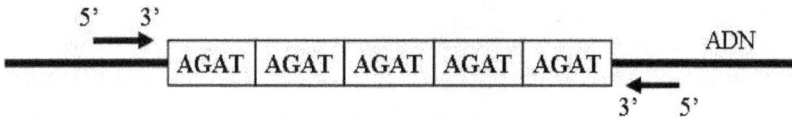

Figure 6 : Structure d'un microsatellite

Note : Ce microsatellite est défini, sur le brin 5'-->3', par le motif tétranucléotidique « AGAT » répété 5 fois. Les flèches représentent les séquences spécifiques qui encadrent et définissent le STR. L'allèle codant de ce microsatellite est identifié comme l'allèle « 5 ».

Le polymorphisme des STRs a été décrit à la fin des années 1980 (Tautz 1989 ; Weber et May 1989 ; Litt et Luty 1989) et serait dû à des « mutations » provoquant des variations du nombre de motifs répétés. Les taux de mutations STRs sont très élevés, de l'ordre de 10^{-2} à 10^{-6} par locus et par génération (Edwards *et al.* 1992 ; Schlotter et Tautz 1992 ; Weber et Wong 1993 ; Bowcock *et al.* 1994 ; Henke et Henke 1999). La dynamique évolutive de ces gains ou pertes d'unités répétées, ainsi que l'apparition de nouveaux allèles, n'ont pas encore été complètement éclaircis.

II.2. Avantages de l'utilisation des microsatellites

Les microsatellites sont des marqueurs génétiques qui présentent de nombreux avantages :

-   Leur **degré de polymorphisme est très élevé**. Chaque STR a de nombreux allèles avec, par exemples, de 5 à 15 répétitions du motif GATA pour le locus D7S820 et de 9 à 50 répétitions d'une unité répétitive complexe pour le locus FGA.

-   Ils sont **répartis uniformément sur l'ensemble du génome**. Présents à la fois sur les 22 paires de chromosomes autosomaux (Figure 7) et sur les chromosomes sexuels, ils assurent une couverture cartographique homogène du génome. Ils manifestent une très forte densité (au moins un microsatellite toutes les 25 à 100 kb d'ADN chez les Eucaryotes) avec une répartition assez uniforme sur les chromosomes, à l'exception toutefois des régions centromériques. La plupart des microsatellites sont des marqueurs neutres (pas de fonction reconnue) et hypervariables.

-   Ces marqueurs sont **facilement identifiables** grâce à des techniques classiques de Biologie Moléculaire : La PCR (*Polymerase Chain Reaction*, pour faire des « copies » du fragment ADN recherché en utilisant comme amorces les séquences uniques encadrant le microsatellite) et l'électrophorèse (pour évaluer la taille du produit amplifié et donc en déduire le nombre de répétitions).

-   Sa détection se fait à partir d'une **très petite quantité d'ADN génomique** (1ng suffit). Elle est aussi hautement réalisable sur de l'ADN dégradé.

II.3. Les microsatellites exploités

On connait aujourd'hui quelques centaines de microsatellites à travers tout le génome. Aux Etats-Unis, le FBI (Federal Bureau of Investigation, Department of Justice) en a sélectionné une dizaine et a mis en place le système CODIS (COmbined DNA Index System) en 1998. Ce système a pour but la création d'un dépôt national d'informations où les professionnels de laboratoires médico-légaux peuvent mettre en commun des renseignements génétiques. D'autres bases de données ont été créées en dehors des Etats-Unis (ENFSI3, Interpol4, NDNAD5 ...) et contiennent la plupart des loci CODIS. En Fin 2008, quatre ans après l'entrée en vigueur de la loi sur les profils d'ADN, la banque de données CODIS contenait *104 625* profils de personnes *21 278* traces relevées sur les lieux de délits, faisant de CODIS la deuxième plus grande banque de données d'ADN dans le monde, derrière le Royaume-Uni. Les 13 STRs présents dans la base de données CODIS sont : TPOX, D3S1358, FGA, D5S818, CSF1PO, D7S820, D8S1179, TH01, VWA, D13S317, D16S539, D18S51 et D21S11. Deux loci supplémentaires sont actuellement reconnus internationalement : D2S1338 et D19S433.

Nous avons choisi ces marqueurs car ils sont particulièrement variables, peu sujets aux mutations, indépendants, assez courts et faciles à amplifier simultanément. Ces marqueurs sont situés sur différents chromosomes autosomaux (Figure 7 ; tableau 6). Ils sont tous constitués de motifs répétés tétranucléotidiques classés en 3 catégories (Urquhart et al, 1994) : simples, composés et complexes (tableau 4). Les répétitions « simples » contiennent des unités de même séquence et longueur (ex : motif [AATG] du locus TPOX). Les répétitions « composées » comprennent 2 (ou plus) unités « simples » adjacentes (ex : [AGAT],[TCTA] du locus D3S1358). Enfin, les répétitions « complexes » se composent d'unités répétitives différentes et de longueur variable avec diverses séquences intercalées entre les blocs (ex : [TTTC]3 TTTTTTCT [CTTT]n CTCC [TTCC]2 pour le locus FGA). La taille des différents allèles STR varie entre 102 et 358 pb (Tableau 6).

57

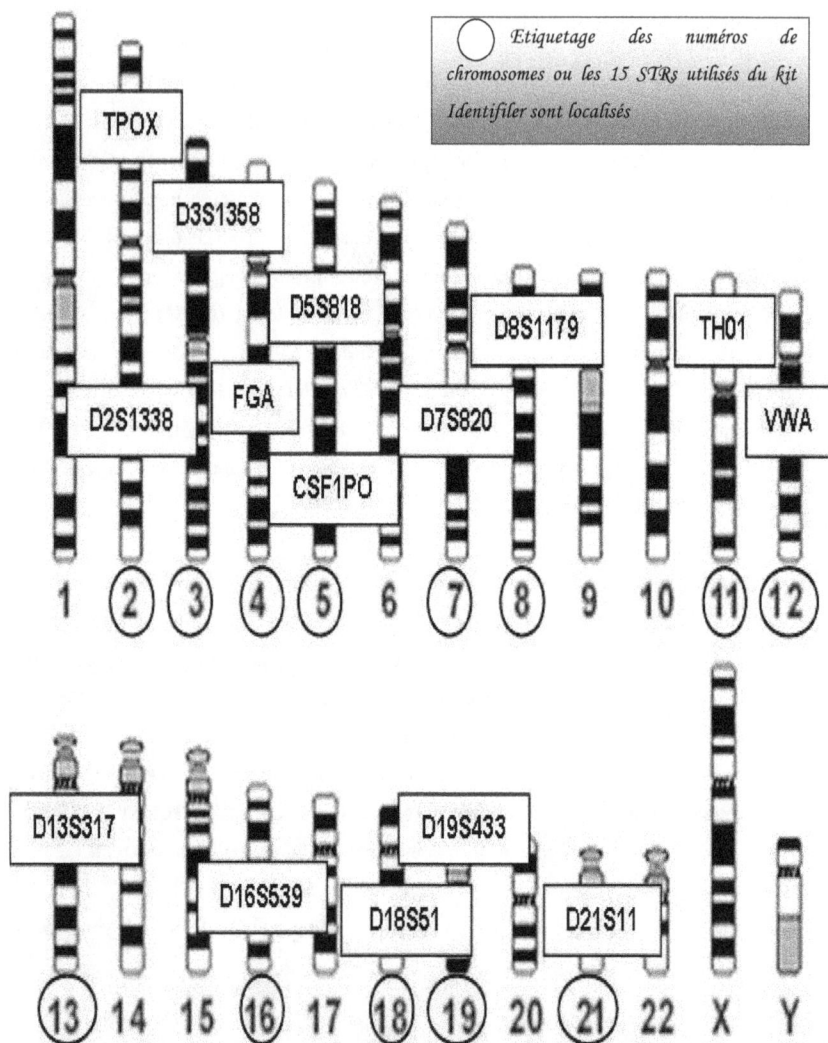

Figure 7 : Localisation chromosomique des loci STR CODIS, D2S1338 et D19S433

Tableau 6 : Localisations chromosomiques, des motifs répétés et tailles des 15 STRs autosomaux.

STR	Chromosome	Localisation	Unité de répétition	Catégories	Taillle en pb
TPOX	2	2p23-2pter	[AATG]	simple	222-250
D2S1338	2	2q35-q37.1	[TGCC],[TTCC]	composé	308-358
D3S1358	3	3q21	[AGAT],[TCTA]	composé	112-140
FGA	4	4q28	Complexe	complexe	215-355
D5S818	5	5q21-q31	[AGAT]	simple	134-172
CSF1PO	5	5q33.3-q34	[AGAT]	simple	305-342
D7S820	7	7q	[GATA]	simple	255-292
D8S1179	8	8q24.1-q24.2	[TATC]	simple	123-170
TH01	11	11p15-p15.5	[AATG]	simple	163-202
vWA	12	12p12-pter	[TCTA],[TCTG]	composé	154-207
D13S317	13	13q22-q31	[GATA]	simple	217-245
D16S539	16	16q22-q24	[GATA]	simple	252-293
D18S51	18	18q21.3	[GATA]	simple	262-345
D19S433	19	19q12-q13.1	[AAGG]	simple	102-135
D21S11	21	21p11.1	complexeb	complexe	185-240

(Sources pour élaborer le tableau : site internet STRbase http://www.cstl.nist.gov/div831/strbase et Applied Biosystems, 2001)

a/ Pour le locus FGA, l'unité de répétition est un tétranucléotide complexe : [TTTC]3 TTTTTTC [CTTT]n CTCC [TTCC]2.

b/ Pour le locus D21S11, ces 2 séquences tétranucléotidiques forment l'unité de répétition complexe : [TCTA]n [TCTG]n [TCTA]3 TA [TCTA]n TCCATA [TCTA]n.

Chapitre 2

De l'extraction de l'ADN aux profils STRs, Méthodes statistiques et bioinformatiques

I. DETERMINATION DES PROFILS GENETIQUES STRs

I.1. Extraction de l'ADN nucléaire

Dans la pratique, les acides nucléiques sont souvent extraits du *sang total*. Le procédé classique est l'extraction par le couple phénol-chloroforme. Le phénol est un excellent agent dénaturant des protéines et il permet de séparer efficacement les protéines et les acides nucléiques. Il est ensuite éliminé par l'extraction avec du chloroforme (non miscible avec l'eau). La séparation des phases aqueuse et organique peut se faire par centrifugation. La phase aqueuse contient les acides nucléiques. Des traitements par des agents clivant les protéines (protéolyse) peuvent être nécessaires. Les acides nucléiques peuvent être finalement récupérés sous forme solide à la suite de précipitation par l'alcool éthylique ou par l'alcool isopropylique. De nombreux réactifs sont disponibles, prêts à l'emploi, ce qui permet de simplifier les opérations de purification. Il est possible d'extraire les acides nucléiques à partir d'échantillons biologiques variés: cultures cellulaires, tissus divers etc... Les méthodes d'extraction doivent bien entendu être adaptées aux quantités disponibles de matériel biologique.

Pour notre échantillon étudié, on a utilisé l'extraction organique en phénol-chloroforme (Sambrook J et Russell DW. 2001) qui est effectuée conformément à la méthode la plus utilisable pour avoir un ADN nucléaire pure.

L'extraction organique de l'ADN et la digestion à la protéinase K sont reportés au Annexe n°2

I.2. Amplification de l'ADN nucléaire par PCR

Le déroulement de la PCR est reporté au Annexe n°3

I.2.1. Réalisation de la PCR Identifiler

Les procédés chimiques de la PCR Identifiler utilisent quatre couleurs (de différentes longueurs d'ondes) pour marquer les amorces qui serviront de point de départ à l'amplification d'un STR spécifique (**Figure 8**) :
- 6-FAM (bleu) pour les loci D8S1179, D21S11, D7S820, et CSF1PO
- VIC (vert) pour les loci D3S1358, TH01, D13S317, D16S539 et D2S1338
- NED (jaune) pour les loci D19S433, VWA, TPOX et D18S51
- PET (rouge) pour le gène de l'amélogénine et les loci D5S818 et FGA
- Une 5ème couleur (LIZ, orange) est utilisée lors de l'électrophorèse pour surligner le standard de taille.

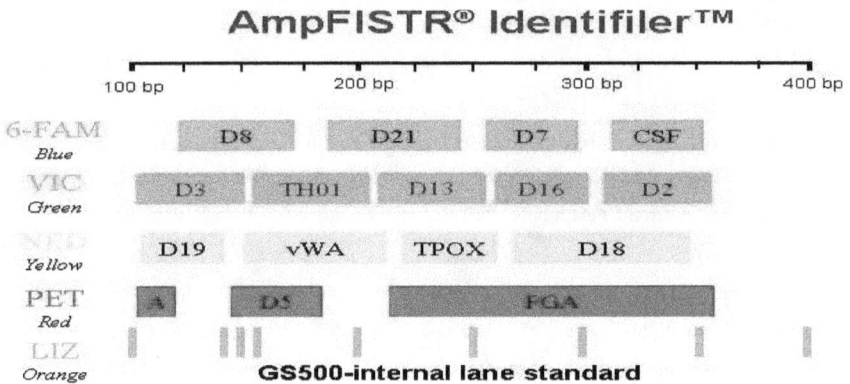

Figure 8: Marqueurs de fluorescence utilisés dans le kit AmpFlSTR Identifiler (Applied Biosystems) et taille des loci amplifiés

Source : http://www.cstl.nist.gov

I.3. L'électrophorèse capillaire en gel

L'électrophorèse capillaire en gel permet de détecter et quantifier les différents produits de PCR mais aussi de les séparer en fonction de leur taille et de leur fluorescence.

Dans notre laboratoire Génétique de la Gendarmerie Royale à Rabat, les électrophorèses capillaires sont effectuées dans un Analyseur Génétique (ou séquenceur ADN semi-automatique) à détection LASER de la fluorescence (modèle ABI Prism 3130xl, Applied Biosystems). Les séparations sont réalisées dans un capillaire de 36 cm de longueur (de la zone d'injection jusqu'au détecteur laser), de 50 µm de diamètre interne et rempli de gel de polyacrylamide à 4% ou POP4 (*Performance Optimized Polymer 4*, Applied Biosystems). Les échantillons sont électrocinétiquement injectés dans le capillaire en 5 secondes. Avant la séparation électrophorétique des fragments d'ADN, un standard de taille, de fluorescence orange, est ajouté à chaque échantillon (GeneScan 500 LIZ, Applied Biosystems). Comme dans une électrophorèse classique, ce marqueur de taille « interne », préalablement calibré et dont la taille de chacun des fragments-standards est connue, doit migrer en même temps que l'échantillon afin de corréler l'ensemble des paramètres pouvant influencer la migration (vitesse, temps de détection par le LASER, pureté du gel, température…).

Dans chaque plaque d'échantillons soumis à l'électrophorèse capillaire, un autre marqueur de taille (« externe ») est ajouté : le ladder STR (**figure 9**). Il s'agit d'une « échelle allélique » constituée de brins d'ADN synthétique dont la composition et la taille (le nombre de répétitions) sont connus. Le ladder contient, en fait, tous les allèles STR pouvant être mis en évidence avec une PCR multiplex donnée et il y a une échelle allélique pour chaque fluorochrome utilisé. Comme pour un échantillon, le standard de taille interne est ajouté au ladder, les fragments d'ADN (allèles STR) sont séparés lors de l'électrophorèse et la fluorescence est détectée par le LASER. La figure 13 présente le ladder des 4 couleurs utilisées dans la PCR multiplex Identifiler (Applied Biosystems).

Les échelles alléliques définissent, pour chaque locus STR, tous les allèles pouvant être mis en évidence dans la technologie du kit Identifiler (Applied Biosystems). Chaque pic coloré est un allèle et correspond à une taille spécifique de fragment d'ADN et donc à un nombre précis de répétitions. Ainsi, par exemple pour le microsatellite D7S820 situé sur le chromosome 7, on peut trouver de 6 à 15 répétitions du motif tétranucléotidique GATA qui composent n fois (ici, de 6 à 15) cette séquence.

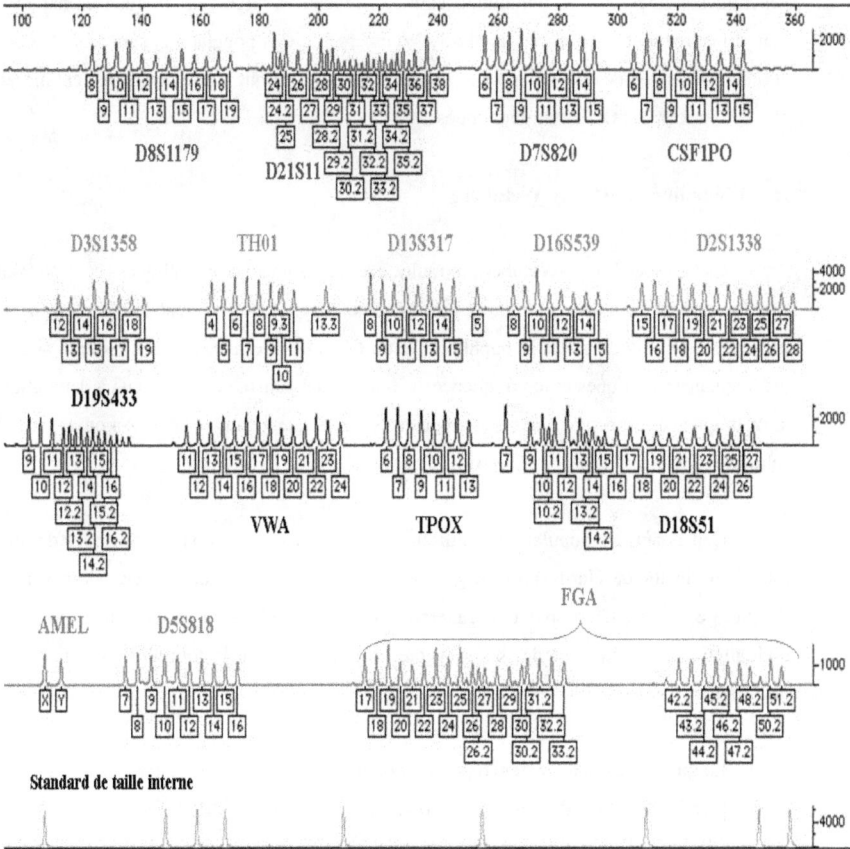

Figure 9: Echelles alléliques (ladder) utilisées dans la PCR multiplex Identifiler (Applied Biosystems)

II. ANALYSE DES DONNEES

Cette partie traite les divers outils et méthodes statistiques employés pour décrire la structure génétique d'une population et pour retracer les relations de parenté entre les différents groupes. Les premiers calculs effectués permettent de quantifier les différents marqueurs génétiques étudiés chez la population étudiée (fréquences alléliques, fréquences haplotypiques, taux d'hétérozygotie, équilibre de Hardy-Weinberg...). Ces populations sont ensuite comparées et ordonnées selon des procédures de classification automatique ou de regroupement hiérarchique afin de retracer leurs affinités génétiques.

II.1. L'équilibre de Hardy-Weinberg

La loi de Hardy-Weinberg stipule que les fréquences alléliques et les fréquences génotypiques (c'est à dire la structure génétique de la population) restent stables de génération en génération. On dit alors que la population est à **l'équilibre** et il existe une relation simple entre les fréquences alléliques et les fréquences génotypiques. Ainsi, pour un locus à deux allèles A et a, de fréquence respective p et q, les fréquences de chaque génotype (AA, Aa ou aa) se calculent selon les relations : $f(AA) = p^2$, $f(Aa) = 2pq$, $f(aa) = q^2$.

Cependant, les populations naturelles sont généralement polymorphes pour de nombreux loci. Sous la loi de Hardy-Weinberg, leur constitution génotypique tendra alors vers un état d'équilibre qui est décrit par une généralisation du modèle à un locus. Ainsi, pour un locus multiallélique, la fréquence des homozygotes se généralise par la formule $f(A_iA_i) = p_i^2$ et celle des hétérozygotes par $f(A_iA_j) = 2p_ip_j$.

Le but d'une étude de génétique des populations sera alors de tester l'écart à l'équilibre et de comprendre les effets des modes de croisement, de la taille et des différentes forces évolutives sur les structures et l'évolution des populations. Il conviendra également de discuter un déséquilibre observé en termes d'erreurs d'échantillonnage, d'effectif de l'échantillon de population ou d'erreurs techniques d'analyses en laboratoire.

La conformité de la structure génétique entre celle observée pour la population étudiée et celle prédite par le modèle de Hardy-Weinberg est analysée à l'aide du test $\chi 2$. Cette valeur est définie par la formule :

$$\chi 2 = \Sigma \quad \frac{\text{(Nombre de génotypes observés } - \text{Nombre de génotypes théoriques)}^2}{\text{Nombre de génotypes théoriques}}$$

La distribution de $\chi 2$ suit une loi de Khi-Carré lorsque les effectifs théoriques de chaque génotype sont supérieurs à cinq. Lorsque la valeur calculée de $\chi 2$ est inférieure à une valeur théorique seuil (dépendant du degré de liberté de l'ensemble des paramètres), au risque de 5%, le test n'est pas significatif et l'hypothèse nulle (H0 = la population est à l'équilibre) est acceptée. L'échantillon observé provient d'une population à l'équilibre de Hardy-Weinberg.

II.2. L'hétérozygotie

L'hétérozygotie est l'état d'un individu qui possède deux allèles différents au niveau d'un locus génique déterminé.

Dans une population, le niveau de diversité génétique est une fonction de la fréquence des hétérozygotes, que l'on appelle aussi taux d'hétérozygotie. Deux taux d'hétérozygotie peuvent être calculés : observé et attendu. Le taux d'hétérozygotie observé (Ho) est déterminé par le nombre de sujets hétérozygotes (pour un locus donné ou pour un ensemble de loci) rapporté au nombre de sujets présents dans un échantillon de « n » individus. Le taux d'hétérozygotie attendu (He), sous l'hypothèse H0 d'équilibre de Hardy-Weinberg, est égal à 1-Spi2 où pi est la fréquence de l'allèle i dans le locus. Le calcul de l'hétérozygotie et de l'écart entre les valeurs observées et attendues renseigne sur la structure génétique de la population sous les conditions énoncées par la loi de Hardy-Weinberg.

La valeur maximale de l'hétérozygotie est atteinte lorsque tous les allèles sont équifréquents : Hmax = (n-1) / n. Par exemple, pour un gène diallélique, H est égale à 0,5. En revanche, pour un gène multiallélique, la valeur de H peut excéder 0,5 et tendre vers 1. Ainsi, un individu pris au hasard dans une population a donc de grandes chances d'être hétérozygote pour un gène multiallélique, tel un microsatellite. Le taux d'hétérozygotie élevé des marqueurs polymorphes souligne leur informativité.

II.3. Méthodes statistiques et bioinformatiques

II.3.1. Estimation des paramètres génétiques

L'estimation des fréquences géniques et l'appréciation de la déviation à l'équilibre génétique ont été effectuées par le logiciel Arlequin version 3.1 (Excofier, 2005).

II.3.2. Estimation des paramètres utilisés en médecine légale

Dans le cadre de leur applicabilité en médecine légale, les microsatellites autosomaux font l'objet de calculs statistiques très spécifiques, notamment dans les cas d'identification de sujets ou de recherche de paternité : Pouvoir de Discrimination, hétérozygotie observée et attendue, Contenu Informatif du Polymorphisme, Pouvoir d'Exclusion, Index typique de Paternité, etc.

* Le **Pouvoir de Discrimination** (*Power of Discrimination*, PD) est la capacité d'un marqueur génétique à différencier deux individus non apparentés (Jones 1972). Plus le pouvoir discriminant augmente, plus la méthode est capable de détecter les plus petites variations génétiques. Chaque génotypage identifiera alors l'originalité génétique du sujet. A titre d'exemple le pouvoir discriminant de l'ensemble des STRs inclus dans le kit Identifiler est de 1 pour $2,1.10^{17}$ individus qui dépassent le nombre (10^7) de la population mondiale (Applied Biosystems 2001).

* Le **Pouvoir d'Exclusion** (*Power of Exclusion*, PE) est la probabilité d'exclure un homme en tant que père biologique d'un enfant, sur la base d'observations génétiques (Ohno *et al.* 1982). Un sujet sera plus facilement exclu dès lors qu'il ne partage pas de gènes avec le vrai père. S'il s'agit d'un parent du vrai père (par exemple son frère), la probabilité d'exclusion sera

diminuée et devra être discutée en fonction des données accessibles sur les marqueurs génétiques de la mère de l'enfant (Fung *et al.* 2002).

* Le **Contenu Informatif du Polymorphisme** (*Polymorphism Information Content*, PIC) est un indice mesurant la probabilité pour qu'un marqueur génétique soit informatif (Shete et al, 2000).

Les loci STRs utilisés dans les études médico-légales possèdent de nombreux allèles, un niveau élevé d'hétérozygotie, un contenu informatif du polymorphisme (PIC) élevé ainsi que de hauts pouvoirs de discrimination (PD) et d'exclusion (PE).

Les STRs introduits dans les kits d'amplification ont été choisis pour ces critères. Ces paramètres ont été calculés à l'aide du programme Powerstat (Tereba, 1999) qui peut être téléchargé à l'adresse suivante : http://www.promega.com/geneticidtools/powerstats.

II.3.3. Etude comparative

La comparaison de l'indice Fst par pair de populations, le test de différenciation entre population et l'analyse de variance ont été effectués, également, par le logiciel Arlequin version 3.1 (Excoffier, 2005).

II.3.4. Etude de la structure des affinités génétiques entre les populations

II.3.4.1. Analyse en composante principale

La corrélation entre la distribution spatiale et la structure génétique des populations a été effectuée par l'analyse en composante principale à l'aide du logiciel Statistica 6.0.

II.3.4.2. Méthode de Neighbour-Joining

La méthode du *Neighbor-Joining* (NJ), ou méthode du plus proche voisin, permet de tracer des dendrogrammes à partir de matrices de distances génétiques (Saitou et Nei 1987). Son approche est basée sur un algorithme déterministe conduisant à la construction d'un seul arbre dans lequel la distance entre deux objets est égale à la somme des branches qui les rattachent. Le principe de cette méthode est d'identifier les paires d'objets (individus ou populations) les plus proches, ou voisins, de manière à minimiser la longueur totale de l'arbre. Chaque objet est une feuille située au bout d'une branche et deux voisins sont connectés par un noeud simple dans un arbre non enraciné ; c'est-à-dire qui n'a pas d'origine, et qui reflète des distances entre unités sans notion d'ancestralité. La topologie (unique) de l'arbre est obtenue par regroupements successifs de paires de voisins.

Le dendrogramme NJ est basé sur les distances génétiques de Reynolds (Reynolds et al, 1983). Ces distances sont proportionnelles au temps de séparation des populations et leur principale différenciation est due à la dérive génétique. Ce type de distances déterminant les longueurs des branches de l'arbre a fait que la méthode du *Neighbor-Joining* a été préférée à celle de l'UPGMA (*Unweight Pair Group Method with Arithmetic mean*, Sokal et Michener, 1958) basée sur l'hypothèse de l'horloge moléculaire (constance de la vitesse d'évolution des caractères et des taxons).

La robustesse topologique de l'arbre NJ est testée par 1000 réplications bootstrap. Cette méthode consiste à répéter 1000 fois la procédure de combinaisons des objets et des paires d'objets afin d'obtenir l'arbre phylogénétique le plus vraisemblable, c'est-à-dire celui dont les branches apparaissent le plus grand nombre de fois dans les 1000 topologies tracées. On considère généralement que plus la valeur de bootstrap est élevée, plus la fiabilité des branches est importante. Ces pourcentages d'apparition peuvent être reportés sur l'arbre sous forme de valeurs chiffrées placées le long des branches.

Les reconstructions phylogénétiques selon la méthode du *Neighbor-Joining* ont été réalisées en utilisant le logiciel PHYLIP version 3.67 (Felsenstein, 2007).

I- LES 15 MARQUEURS AUTOSOMAUX EN ANTHROPOGENETIQUE

Etudier les origines de la diversité populationnelle à travers le monde a toujours suscité l'intérêt des anthropologues. Les premières observations se fondaient sur les caractères morphologiques et anatomiques. Depuis plusieurs classifications on été établies. Avec l'émergence de nouvelles sciences notamment après la découverte des groupes sanguins et des protéines sériques communément appelés marqueurs classiques, les études anthropogénétiques se sont intensifiées et de milliers d'articles fut apparus. Cependant, ces marqueurs eux même allaient être abandonnés peu à peu après l'arrivée d'un nouvel air qui promettait des classifications encore plus précises et plus fiables « Les marqueurs ADN ».

Les séquences répétitives d'ADN dites encore microsatellites ou *Short Tandem Repeats (STR)* en Anglais, sont les marqueurs qui ont fait la plus grande révolution en génétique des populations. Ils fussent d'abord utilisés en criminalistique de par leur grand pouvoir d'identification individuelle. Leurs paramètres médicolégaux (PIC, PD, PE et TPI) diffèrent entre les populations et dépendent de l'état et la nature des pools génétiques de celles-ci. Ainsi, les empreintes génétiques individuelles que ces marqueurs procurent, constituent, en effet, « l'empreinte génétique de la population globale ». Cette constatation a fait des microsatellites utilisés en criminalistique des marqueurs de choix dans les études de génétique des populations.

Dans ce travail, nous avons, justement, exploité les 15 marqueurs STRs utilisés en criminalistique dans trois grands objectifs. D'abord, l'estimation des paramètres médicolégaux de ces marqueurs dans l'échantillon des arabophones de la région de Rabat-Salé-Zemmour-Zaër. Ces paramètres étant d'une grande importance puisqu'ils définissent les limites de leur utilisation dans un domaine aussi sensible et délicat que la criminalistique (disculpation, inculpation, filiation et identification). Dans un deuxième temps nous avons visé l'exploitation de ces marqueurs pour générer « une empreinte génétique globale » de la région ciblée, caractériser sa structure génétique et en un dernier temps situer notre échantillon étudié dans son contexte phylogénétique régional et mondial. Afin de combler le manque de données sur la population arabophone de la région de Rabat Salé Zemmour Zaër, nous avons mené la présente étude dans le cadre de la recherche scientifique. Les études jusqu'ici publiées sur quelques populations marocaines sont celles de Jauffrit et al (2003), de

Bouabdellah et al (2008), ainsi que l'étude de Coudray et al (2006) réalisée sur les berbérophones de l'Afrique du Nord.

II- ETUDE DES 15 STRs CHEZ LES ARABOPHONES DE LA REGION DE RABAT-SALE-ZEMMOUR-ZAËR

Généralement, dans le cadre d'application en médicine légale, les 15 STRs analysés doivent avoir un grand polymorphisme allélique, un niveau élevé d'hétérozygotie et un haut pouvoir de discrimination des individus, Au contraire, les analyses phylogénétiques tendraient plutôt à utiliser des STRs pris au hasards dans différents endroits du génome, avec moins d'allèles mais présentant une variation allélique population-spécifique.

Cas d'un profil génétique de l'un des individus analysés dans notre étude :

Le profil STR d'un individu (**figure 10**) consiste à traiter informatiquement les informations collectées par le LASER lors de l'électrophorèse. La détection des produits de PCR d'un échantillon par le LASER est transmise à un ordinateur (couplé à l'analyseur automatique) et les STRs sont représentés sous forme de pics colorés (allèles STR). A noter que selon le caractère homozygote (même allèle sur la paire de chromosomes) ou hétérozygote (allèles différents) de l'individu pour un locus donné, un seul (homozygotie) ou deux (hétérozygotie) pics seront présents.

Le profil STR d'un individu (**figure 10**) décrit les allèles (nombre de répétitions du motif nucléotidique) de 15 loci autosomaux. Chaque allèle est représenté sous forme d'un pic coloré correspondant à une taille de fragment d'ADN et donc à un nombre précis de répétitions. Quatre fluorochromes sont utilisés dans la PCR multiplex Identifiler : 6FAM (bleu), VIC (vert), NED (jaune) et PET (rouge).

Le sexe de l'individu (**figure 10**) est donné par le locus de l'amélogénine (AMEL) : les pics «X» et «Y» montrent ici qu'il s'agit d'un homme.

Exemples de lecture du profil génétique (**figure 10**):

* Cet homme est hétérozygote pour le locus D8S1179, c'est-à-dire qu'il a 2 allèles différents pour ce locus situé sur la paire de chromosomes n°8. Un des allèles est défini par 12 répétitions du motif TATC (allèle « 12 ») et l'autre allèle par 14 répétitions de ce même motif (allèle « 14 »).

* A l'inverse, l'individu est homozygote pour le locus TPOX. Les 2 allèles situés sur la paire de chromosomes n°2 sont les mêmes avec 8 répétitions du motif AATG.

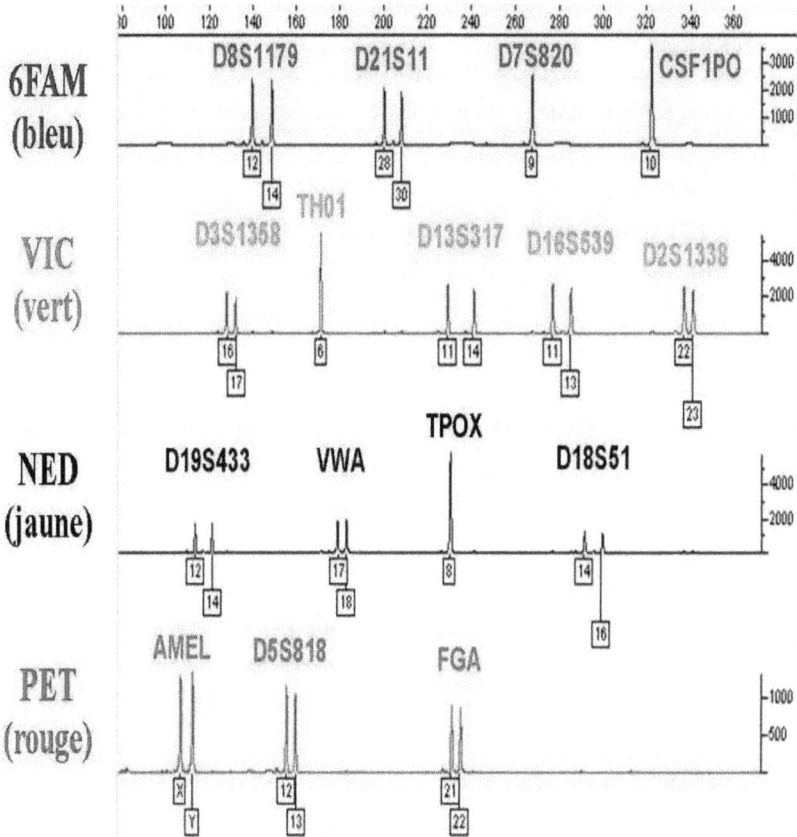

Figure 10: Exemple du profil STR d'un individu obtenu avec la PCR multiplex Identifiler (Applied Biosystems)

71

II.1. Distribution des fréquences alléliques dans l'échantillon des arabophones RSZZ

Le tableau 7 présente les fréquences alléliques des 15 STRs étudiés dans l'échantillon des arabophones de la région de Rabat-Salé-Zemmour-Zaër, la description allélique de ces différents loci est comme suit :

- Le locus D5S818

Nous retrouvons pour ce locus 9 allèles chez les arabophones de RSZZ avec une prédominance de l'allèle 12 (40.9%) par rapport aux allèles 11 (27.2%) et 13 (15.4%). Le reste des allèles étant très minoritaires (<6.2%).

- Le locus D13S317

Ce locus est composé de 9 allèles dont les plus fréquents sont le 12 et le 11 avec des pourcentages respectifs de 35.1% et 30.4%. Les allèles 5.3 et 6 se présentent très rares (0.3%).

- Le locus FGA

Ce locus présente 13 allèles dont les plus fréquents sont les allèles 21 et 22 (soient respectivement 17.9% et 19.4%). Les allèles les plus rares au niveau de ce locus sont l'allèle 20.2, l'allèle 30.4 et l'allèle 31.2 (0.3%).

- Le locus D8S1179

Parmi les 9 allèles qui constituent ce locus, les trois allèles 14, 13 et 15 sont les plus représentés avec des pourcentages respectifs de 22.6%, 21.6% et 17.7%. L'allèle 17 étant le plus rare (0.3%).

- Le locus D21S11

Ce locus présente 15 allèles dont le 29 et le 30 sont les plus fréquents (soient respectivement 21.6%, 22.9%). deux allèles rares sont observé au niveau de ce locus soient l'allèle 16 et l'allèle 23.2 (0.3%).

- Le locus D7S820

Ce locus est constitué de 9 allèles. Les allèles 10, 11, 12 et 8 sont les plus représentés avec des pourcentages respectifs de 29.9%, 23.5%, 15.7% et 14.2%. Les allèles 13 et 7 sont les moins fréquents (0.3%).

- Le locus CSF1PO

Avec seulement 8 allèles, ce locus est le moins polymorphe ce qui explique ces valeurs les plus faibles du pouvoir de discrimination. Les allèles 11, 10 et 12 sont les plus fréquents avec des pourcentages respectifs de 35.3%, 29% et 24.5%. L'allèle 14 présente la fréquence la plus faible (0.7%).

- Le locus D3S1358

Nous retrouvons pour ce locus 10 allèles dans la population arabophone de RSZZ avec une prédominance de l'allèle 15, 17 et 16 avec des pourcentages respectifs de 30.9%, 27% et 24%. Les allèles 10, 12 et 13 sont les plus rares dans ce locus (0.3%).

- Le locus TH01

Ce locus est représenté par 18 allèles dans la population arabophone de RSZZ. Les allèles les plus fréquents sont le 9, le 7 le 6 et le 8 qui représentent respectivement, 25.5%, 18.9%, 18.6 et 16.2%. Les allèles 5.3, 12, 20, 21 et 24 sont les plus faiblement représentés (0.3%).

- Le locus D16S539

C'est un locus trouvé avec 9 allèles chez la population étudiée. Les allèles 12, 11 et 13 sont les plus représentés avec des pourcentages respectifs de 29.2%, 23.5% et 21.1%. L'allèle le plus rare de ce locus est le 21 avec un pourcentage de 0.3%.

- Le locus D2S1338

Ce locus présente une gamme de 15 allèles dont les allèles 17, 20 et 19 sont les plus fréquents (soient respectivement 24.8% 17.2% et 15.7%. Les allèles 14.2 et 27 sont les plus rares (0.3%).

- Le locus D19S433

On compte 14 allèles au total dans ce locus. Les allèles 14, 13 et 15 présentent les pourcentages les plus élevés (soient respectivement 29.2%, 23% et 15.7 %). L'allèle 20 étant le plus rare de la gamme allélique (0.3%).

- Le locus vWA

A l'instar du locus précédent, ce locus compte 14 allèles dont les plus fréquents sont les allèles 16, 17, 18 et 15 avec des pourcentages respectifs de 20.6%, 20.3%, 16.9% et 15.7%. Les allèles 7, 9 et 12 sont par contre les moins représentés notre échantillon (0.3%).

- Le locus TPOX

Ce locus comporte 10 allèles dont le 8, le 11et le 9 sont les plus marquants avec des pourcentages respectifs de 39.7%,   27.5% et 16.9%. Les allèles 15, 16 et 17 sont les plus rares (0.3%).

- Le locus D18S51

Pour ce locus, nous retrouvons 17 allèles dans l'échantillon des arabophones de la région RSZZ. Les allèles 16, 12, 14 et 15 sont les plus dominants avec des pourcentages respectifs de 15.7%, 15.4%, 15.2% et 14.7%. Les allèles 8, 17.2, 20.2 et 22 sont les plus rares avec un pourcentage de 0.3%.

Tableau 7 : Fréquences alléliques des 15 STRs dans l'échantillon des arabophones de la région de Rabat-Salé-Zemmour-Zaër

Allèles	D5S818	FGA	D8S1179	D21S11	D7S820	CSF1PO	D2S1338	D19S433	TH01	D13S317	D16S539	vWA	TPOX	D18S51	D3S1358
5.3	-	-	-	-	-	-	-	-	0,003	0,003	-	-	-	-	-
6	-	-	-	-	-	-	-	-	0,186	0,003	-	-	0,012	-	-
7	-	-	-	-	0,003	0,012	-	-	0,189	-	-	0,003	0,032	-	-
8	0,049	-	0,007	-	0,142	0,025	-	-	0,162	0,096	0,037	0,027	0,397	0,003	-
8.3	-	-	-	-	-	-	-	-	0,005	-	-	-	-	-	-
9	0,042	-	-	-	0,120	0,027	-	-	0,255	0,044	0,123	0,003	0,169	-	-
9.2	-	-	-	-	0,012	-	-	-	-	-	-	-	-	-	-
9.3	-	-	-	-	-	-	-	-	0,120	-	-	-	-	-	-
10	0,061	-	0,108	-	0,299	0,290	0,005	-	0,020	0,042	0,066	0,005	0,086	0,005	0,003
11	0,272	-	0,125	-	0,235	0,353	-	0,007	0,007	0,304	0,235	0,012	0,275	0,034	-
12	0,409	-	0,108	-	0,157	0,245	-	0,130	0,003	0,351	0,292	0,003	0,022	0,154	0,003
12.2	-	-	-	-	-	-	-	0,003	-	-	-	-	-	-	-
13	0,154	-	0,216	-	0,029	0,042	0,005	0,230	-	0,101	0,211	0,015	-	0,088	0,003
13.2	-	-	-	-	-	-	-	0,032	-	-	-	-	-	-	-
14	0,005	-	0,226	-	0,003	0,007	0,003	0,292	0,005	0,059	0,029	0,115	-	0,152	0,066
14.2	-	-	-	-	-	-	-	0,042	-	-	-	-	-	-	-
15	0,005	-	0,177	-	-	-	-	0,154	0,012	-	0,005	0,157	0,003	0,147	0,309
15.2	-	-	-	-	-	-	-	0,042	-	-	-	-	-	-	-
16	0,003	-	0,032	0,003	-	-	0,047	0,027	0,012	-	-	0,206	0,003	0,157	0,240
16.2	-	-	-	-	-	-	-	0,022	-	-	-	-	-	-	-
17	-	-	0,003	-	-	-	0,248	0,012	0,007	-	-	0,203	0,003	0,125	0,248
17.2	-	-	-	-	-	-	-	0,005	-	-	-	-	-	0,003	-
18	-	-	-	-	-	-	0,076	-	0,007	-	-	0,169	-	0,044	0,115
19	-	0,042	-	-	-	-	0,157	-	-	-	-	0,066	-	0,037	0,010
20	-	0,135	-	0,005	-	-	0,172	0,003	0,003	-	-	0,017	-	0,034	0,005
20.2	-	0,003	-	-	-	-	-	-	-	-	-	-	-	0,003	-
21	-	0,179	-	-	-	-	0,049	-	0,003	-	0,003	-	-	0,007	-

Tableau 7: Fréquences alléliques des 15 STRs dans l'échantillon des arabophones de la région de Rabat-Salé-Zemmour-Zaër (Suite)

Allèles	D5S818	FGA	D8S1179	D21S11	D7S820	CSF1PO	D2S1338	D19S433	TH01	D13S317	D16S539	VWA	TPOX	D18S51	D3S1358
21.2	-	0,005	-	-	-	-	-	-	-	-	-	-	-	-	-
22	-	**0,194**	-	-	-	-	0,042	-	-	-	-	-	-	0,003	-
23	-	0,154	-	-	-	-	0,066	-	-	-	-	-	-	0,005	-
23.2	-	-	-	0,003	-	-	-	-	-	-	-	-	-	-	-
24	-	0,110	-	-	-	-	0,076	-	0,003	-	-	-	-	-	-
25	-	0,098	-	-	-	-	0,047	-	-	-	-	-	-	-	-
26	-	0,061	-	-	-	-	0,007	-	-	-	-	-	-	-	-
27	-	0,015	-	0,029	-	-	0,003	-	-	-	-	-	-	-	-
28	-	-	-	0,115	-	-	-	-	-	-	-	-	-	-	-
29	-	-	-	0,216	-	-	-	-	-	-	-	-	-	-	-
30	-	-	-	**0,221**	-	-	-	-	-	-	-	-	-	-	-
30.2	-	-	-	0,022	-	-	-	-	-	-	-	-	-	-	-
30.4	-	0,003	-	-	-	-	-	-	-	-	-	-	-	-	-
31	-	-	-	0,091	-	-	-	-	-	-	-	-	-	-	-
31.2	-	0,003	-	0,101	-	-	-	-	-	-	-	-	-	-	-
32	-	-	-	0,010	-	-	-	-	-	-	-	-	-	-	-
32.2	-	-	-	**0,130**	-	-	-	-	-	-	-	-	-	-	-
33.2	-	-	-	0,034	-	-	-	-	-	-	-	-	-	-	-
34.2	-	-	-	0,012	-	-	-	-	-	-	-	-	-	-	-
35	-	-	-	0,010	-	-	-	-	-	-	-	-	-	-	-

II.2. Paramétrage Médico-légal

Grâce à leur grande variabilité, les séquences courtes répétitives (STRs) sont très utilisées comme marqueurs aussi bien dans des fins judiciaires en criminalistique que dans les études scientifiques de génétique des populations. En effet, ces marqueurs semblent être d'une grande capacité en termes de détermination de parenté entre individus et entre populations.

L'échantillon des arabophones de la région de Rabat-Salé-Zemmaour-Zaër est génétiquement très diversifié avec des hétérozygoties (Ho) allant de 0,681 et 0,701 à 0,879 (Tableau 8). Les valeurs d'hétérozygotie (Ho) les moins élevées sont rencontrées, respectivement, au niveau des loci TPOX (Ho = 0,681) et D5S818 (Ho =0,701) qui contiennent les allèles qui présentent les fréquences les plus élevées (soient respectivement 0,397 pour l'allèle 8 et 0,409 pour l'allèle 12) (Tableau 7). Ceci explique les valeurs les plus faibles du pouvoir d'exclusion (PE = 0,400 pour TPOX et PE = 0,430 pour D5S818) et de l'indice typique de parenté (TPI = 1,57 pour TPOX et TPI = 1,67 pour D5S818). La valeur d'hétérozygotie la plus élevée est rencontrée au niveau du locus D2S1338 (Ho = 0,873) qui présente les valeurs les plus élevées du pouvoir d'exclusion (PE = 0,740) et de l'indice typique de parenté (TPI = 3,92).

Tableau 8: Paramètres Médico-légaux et l'hétérozygotie des 15 STRs dans l'échantillon des arabophones de la région de Rabat-Salé-Zemmour-Zaër

Locus STR	PD	PIC	PE	TPI	Ho	He
D5S818	0,888	0,690	0,430	1,67	**0,701**	0,728
FGA	0,962	0,850	0,544	2,17	0,770	0,863
D8S1179	0,944	0,810	0,653	2,91	0,828	0,834
D21S11	0,956	0,840	0,643	2,83	0,824	0,856
D7S820	0,927	0,770	0,561	2,27	0,779	0,797
CSF1PO	0,869	0,680	0,485	1,89	0,735	0,730
TH01	0,936	0,800	0,561	2,27	0,779	0,825
D13S317	0,905	0,720	0,477	1,85	0,730	0,760
D16S539	0,917	0,776	0,544	2,17	0,770	0,795
D2S1338	0,956	0,850	0,740	3,92	**0,873**	0,862
D19S433	0,933	0,790	0,616	2,62	0,809	0,817
vWA	0,950	0,820	0,606	2,55	0,804	0,846
TPOX	0,875	0,690	0,400	1,57	**0,681**	0,731
D18S51	**0,968**	**0,870**	0,643	2,83	0,824	0,880
D3S1358	0,903	0,730	0,553	2,22	0,774	0,770

PD: Pouvoir de discrimination; PE: Pouvoir d'exclusion; PIC: Contenu informatif du polymorphisme; TPI : Indice typique de paternité, H_0 : Hétérozygotie observée; H_e : Hétérozygotie attendue.

Le tableau 8 montre que tous les marqueurs présentent des pouvoirs de discrimination (PD) très élevés (>0,860). Les valeurs les plus élevées du pouvoir de discrimination et du contenu informatif du polymorphisme (PIC) sont observées au niveau du marqueur D18S51 (soient respectivement 0.968 et 0.870 pour PD et PIC). Les valeurs les moins élevées sont enregistrées au niveau du locus CSF1PO (soient respectivement 0.869 et 0.680 pour PD et PIC). Le marqueur D2S1338 se voit le plus puissant pour les tests de paternité avec les valeurs les plus élevées du pouvoir d'exclusion (PE) et de l'indice typique de paternité (TPI) (soient respectivement 0.74 et 3.92 pour PE et TPI).

Pour comprendre la nature des relations entre ces différents paramètres nous avons effectué des corrélations entre chaque pair de paramètres (Figures 11, 12, 13, 14, 15, 16). D'une manière générale tous les paramètres semblent corréler positivement entre eux. Toutefois, les corrélations les plus hautement significatives ont été trouvées entre le pouvoir de discrimination et le contenu informatif du polymorphisme (Figure 11) et entre le pouvoir d'exclusion et l'indice typique de parenté (Figure 16). On note aussi une corrélation significativement positive entre les deux paramètres médicolégaux (PE et TPI)   et l'hétérozygotie (Figures 17,18). Les corrélations du pouvoir de discrimination (PD) et du contenu informatif du polymorphisme (PIC)   avec l'hétérozygotie   étant moins étroites quoique significatives (Figures 19 et 20)

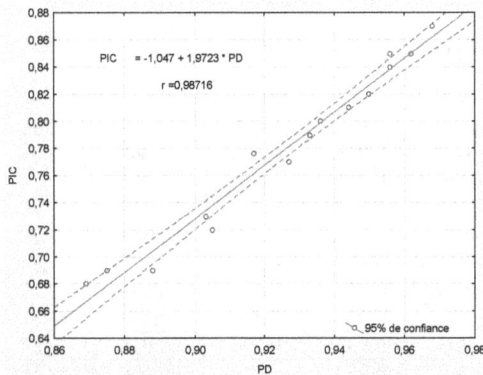

Figure 11: Corrélation entre le pouvoir de discrimination et le contenu informatif du polymorphisme

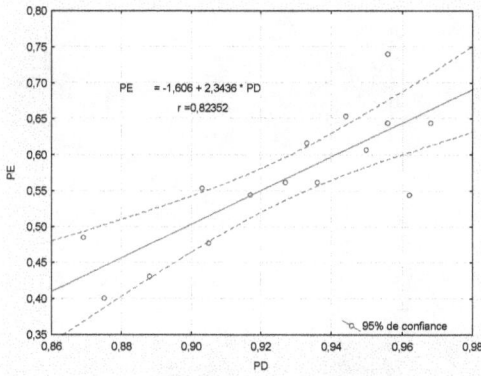

Figure 12: Corrélation entre le pouvoir de discrimination et le pouvoir d'exclusion

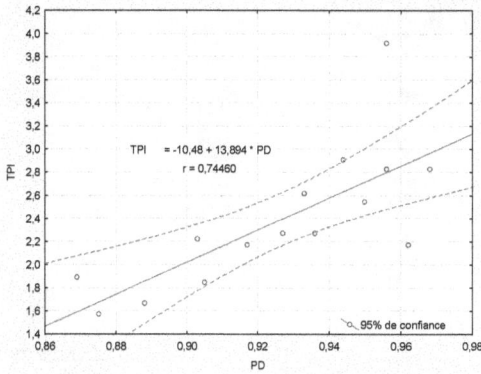

Figure 13: Corrélation entre le pouvoir de discrimination et l'indice typique de parenté

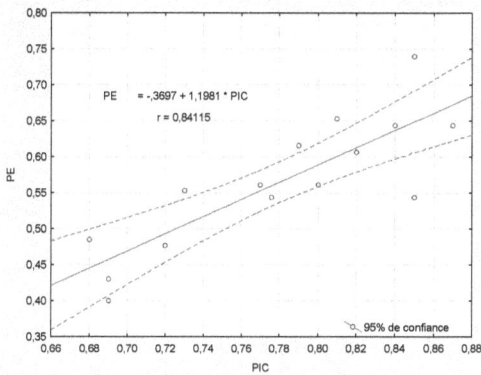

Figure 14: Corrélation entre le pouvoir d'exclusion et le contenu informatif du polymorphisme

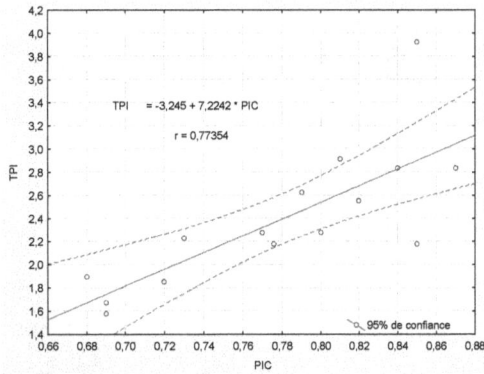

Figure 15: Corrélation entre l'indice typique de parenté et le contenu informatif du polymorphisme

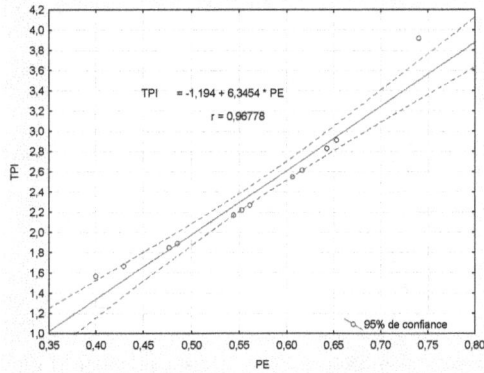

Figure 16: Corrélation entre l'indice typique de parenté et le pouvoir d'exclusion

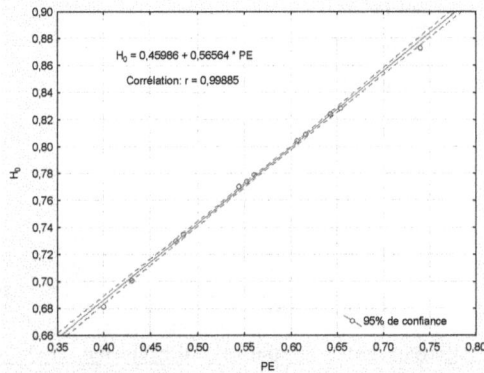

Figure 17: Corrélation entre l'hétérozygotie et le pouvoir d'exclusion

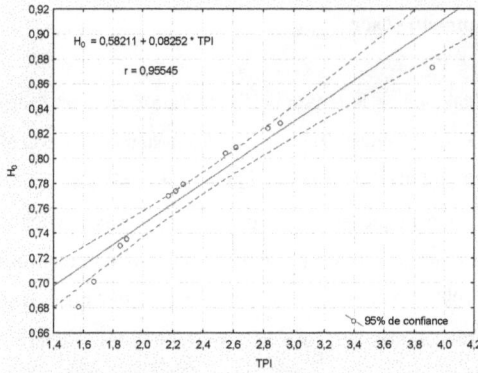

Figure 18: Corrélation entre l'hétérozygotie et l'indice typique de parenté

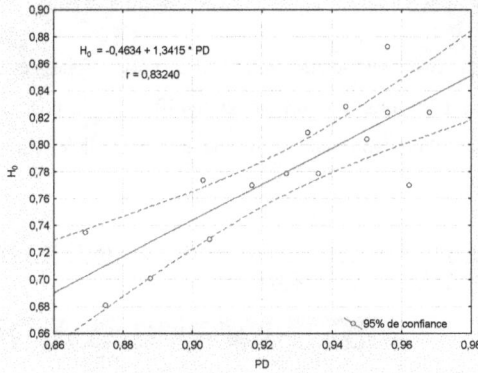

Figure 19: Corrélation entre l'hétérozygotie et le pouvoir de discrimination

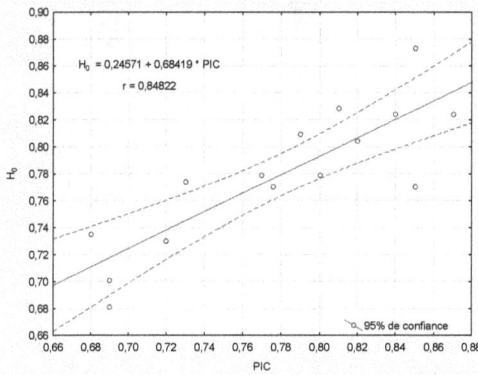

Figure 20: Corrélation entre l'hétérozygotie et le contenu informatif du polymorphisme

81

II.3. L'équilibre de HW chez l'échantillon des arabophones de la région de Rabat-Salé-Zemmour-Zaër

Les arabophone de la région de Rabat-Salé-Zemmour-Zaër se présentent en équilibre de Hardy-Weinberg (Tableau 9) pour tous les systèmes, à l'exception des quatre loci vWA, TH01, D2S1338 et TPOX dont la divergence constatée par rapport à l'état d'équilibre s'est révélée significative même après l'application de la correction de Bonferroni qui est un ajustement statistique utilisé lorsque de multiples tests sont réalisés sur la même hypothèse de départ (Weir 1990). Elle est systématiquement appliquée dans l'étude de marqueurs génétiques multialléliques tels que les microsatellites. Le principe de la correction de Bonferroni (Annexe 4) est de diminuer la valeur alpha de chaque test individuel, pour que le risque d'erreur dans l'analyse globale soit de 3,333 % à la place de 5%.

En effet, ces loci se présentent très polymorphes et présentent les pouvoirs discriminants les plus forts. La corrélation significative du pouvoir de discrimination et du contenu informatif du polymorphisme avec le nombre d'allèles étaye ce constat (Figures 21 et 22).

Tableau 9: Les valeurs P de l'équilibre de HW des 15 STRs chez les arabophones de la région de Rabat-Salé-Zemmour-Zaër

P de HW	Locus STR
0,128	D5S818
0,004	FGA
0,011	D8S1179
0,009	D21S11
0,188	D7S820
0,063	CSF1PO
0,000^c	TH01
0,376	D13S317
0,062	D16S539
0,000^c	D2S1338
0,007	D19S433
0,000^c	vWA
0,000^c	TPOX
0,011	D18S51
0,052	D3S1358

P : Test exact de l'équilibre Hardy-Weinberg ; c: Correction de Bonferroni

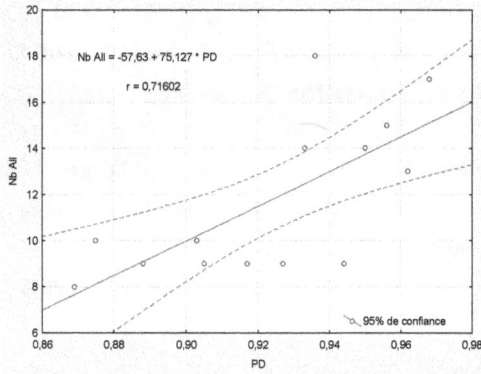

Figure 21: Corrélation entre le pouvoir de discrimination (PD) et le nombre d'allèles (Nb All)

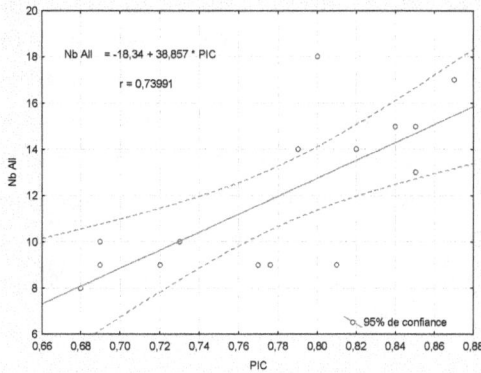

Figure 22: Corrélation entre le contenu informatif de polymorphisme (PIC) et le nombre d'allèles (Nb All)

III. ETUDE COMPARATIVE DES FREQUENCES ALLELIQUES DES 15 STRs DES ARABOPHONES DE LA REGION DE RABAT-SALE-ZEMMOUR-ZAËR PAR RAPPORT AUX POPULATIONS MONDIALES

La comparaison des populations passe par la quantification de leurs différences (génétiques, géographiques, linguistiques, culturelles…), qui se traduit par le calcul de **distances génétiques** entre les groupes analysés. Ces calculs et l'établissement de matrices de distances sont à la base des analyses phénétiques réalisées en Phylogénie.

Par définition, une distance est une mesure de l'éloignement entre objets : plus les objets sont différents, plus la distance est grande ou, inversement, plus la similarité globale entre deux objets est grande, plus la distance qui les sépare est petite.

La valeur d'une distance Fst varie entre 0 (pas de différenciation génétique entre les populations) et 1 (différenciation la plus extrême, isolation complète des populations). Les distances Fst dérivent des indices Fst. Ces derniers ne sont pas des distances à proprement parlé car ils ne respectent pas la règle de l'inégalité triangulaire. Ils renseignent néanmoins sur les différenciations génétiques observables entre des populations et sur leur significativité. Une variante du Fst a été adaptée à l'étude des microsatellites. Cette distance Rst assume le modèle de mutation « stepwise ». Elle est surtout adaptée à la mesure des différences entre populations dues à la mutation (Slatkin 1995). Pour l'analyse des microsatellites STRs de ce travail, nous n'avons pas utilisé les Rst car il a été montré que les arbres construits à partir de ces distances étaient de topologie moins robuste (Perez-Lezaun et al. 1997). De plus, le problème pour les microsatellites est que l'on connaît mal leur mode exact de mutation et qu'il est donc difficile d'établir un modèle génétique.

Pour les 15 STRs étudiés chez les arabophones de la région de Rabat Salé Zemmour Zaër, nous avons mesuré les indices Fst. présentés au tableau 10, ces indices ont été calculés entre chaque paire de populations et leur significativité a été testée par une procédure non-paramétrique incluse dans le logiciel ARLEQUIN (Schneider *et al.* 2000).

D'une manière générale, on assiste à une hétérogénéité des résultats entre les systèmes. Ceux-ci n'affichent pas tous la même tendance par rapport à une population donnée. Ceci accuse, principalement, la nature des marqueurs eux même (structure moléculaire, histoire évolutif, état d'équilibre…). Cette hétérogénéité des résultats justifie, en effet, le recours à 15 STRs lors de l'identification génétique des individus. Chose qui doit être bien prise en considération lors de l'étude des rapprochements génétique entre populations.

La comparaison par pair de populations de l'indice Fst de Wrigth (Tableau 10), montre que les arabophones de la région de Rabat Salé Zemmour Zaêr ne divergent en aucun système de la population d'Asni et de celle de Dubaï. Cependant, elle diffère en un locus des populations de l'Andalousie (**D3S1358**), de la Belgique (**TH01**), de l'Oman (**CSF1PO**), de l'Iran (**TPOX**) et du Porto Rico (**CSF1PO**), en deux loci de la Macédonie (**D5S818, TH01**), de l'Arabie Saoudite et de l'Iraq (**D16S539, TPOX**), en trois loci de Bouhria (**D5S818, D16S53 9 et D3S1358**) de Siwa et du Yémen (**D19S433, TH01 et D16S539**), en quatre loci des Musulmans d'Adaima (**D21S11, CSF1PO, D2S1338 et D18S51**), des copts d'Adaima (**CSF1PO, D13S317, D18S51 et D3S1358**), des autochtones de l'Espagne (**FGA, TH01, vWA, TPOX**), du Belarusse (**D5S818, D8S1179, TH01 et TPOX**), du Costa Rica (**D5S818, FGA, TH01 et D13S317**) et du Venezuela (**D5S818, TH01, vWA et TPOX**), en cinq loci du Bangladesh (**D5S818, CSF1PO, D2S1338, D13S317 et D18S51**), en six loci de la guinée équatoriale (**D8S1179, D21S11, D7S820, D2S1338, TH01 et D18S51**), en sept loci de Cabinda (**D8S1179, D21S11, D2S1338, D19S433, TH01, D16S539 et D18S51**), en huit loci de l'Inde (**D8S1179, CSF1PO, D2S1338, D13S317, D16S539, vWA et D18S51**), en dix loci du Thaïlande à l'exception de **FGA, D8S1179, D21S11, D18S51 et D3S1358**, de la Corée (exceptant **FGA, D8S1179, D7S820, TPOX et D3S1358**), du Tutsi Rouanda (exceptant **D5S818, FGA, D19S433, D13S317 et vWA**) et du Mozambique (exceptant **D5S818, FGA, D7S820, D13S317 et vWA**) et enfin, en onze loci du Mexique (exceptant **D21S11, D7S820, D18S51 et D3S1358**), du Taiwan (exceptant **FGA, D21S11, D8S1179 et D3S1358**) et de la Chine (exceptant **TH01, D21S11, D8S1179 et D3S1358**).

Le pool génétique de notre échantillon des arabophones de la région de RSZZ chevauche (Tableau 10), complètement, avec ceux des autres populations au niveau de quelque loci des 15 STRs qui sont plus ou moins différents. En considérant le contexte régional, notre échantillon de la région de RSZZ se rapproche uniquement en un seul locus de l'Asie de l'Est (D13S317), en quatre loci de l'Amérique latine (D21S11, D7S820, D18S51, D3S1358) et de l'Afrique Sub-saharienne (D13S317, D5S818, FGA, vWA) et en cinq loci de l'Afrique du nord (FGA, D8S1179, D7S820, vWA, TPOX). Cependant, elle se rapproche, respectivement, en dix loci (D5S818, FGA, D8S1179, D21S11, D7S820,

D2S1338, D13S317, vWA,   D18S51, D3S1358) et en huit loci du Moyen-Orient et de l'Europe (D21S11, D7S820, D2S1338, D13S317, D18S51, D19S433, D16S539, CSF1PO).

Par ailleurs, les loci qui rapprochent les arabophones de la région de RSZZ des populations mondiales, sont le FGA, le D7S820 et le D3S1358. Les loci au niveau desquelles la population étudiée diverge le plus des populations mondiales sont le TH01, le D16S539, le CSF1PO et D2S1338 (Tableau 10).

Le teste de différenciation confirme les résultats de l'indice Fst et traduit, globalement, les divergences et les convergences de l'échantillon des arabophones de Rabat-Salé-Zemmour-Zaër par rapport aux populations introduites dans l'étude (Tableau 11).

Tableau 10: Comparaison par pair de populations de l'indice Fst

Populations	D5S818	FGA	D8S1179	D21S11	D7S820	CSF1PO	D2S1338	D19S433	TH01	D13S317	D16S539	VWA	TPOX	D18S51	D3S1358
ARSZZ	0.00000	0.00000	0.00000	0.00000	0.00000	0.00000	0.00000	0.00000	0.00000	0.00000	0.00000	0.00000	0.00000	0.00000	0.00000
Asni	-0.00388	-0.00620	0.00005	0.00023	0.00459	0.00147	0.00219	0.00501	0.00244	-0.00113	-0.00507	0.00290	0.00490	0.00125	-0.00313
Bouhria	0.01105	0.00002	-0.00126	0.00184	-0.00000	0.00098	0.00211	0.00670	-0.00519	-0.00130	0.01537	-0.00146	0.00929	-0.00355	0.01235
Siwa	-0.00427	-0.00353	0.00223	-0.00396	0.00345	0.00580	0.00367	0.01346	0.01672	0.00693	0.01368	0.00348	0.00196	0.00343	-0.00171
Moslim Adaima	0.01058	0.00386	-0.00159	0.01380	0.00242	0.01092	0.01623	0.00314	0.00969	-0.00500	-0.00309	0.00613	-0.00477	0.01724	0.00835
Copts Adaima	-0.00617	0.00998	0.02992	-0.00138	-0.00554	0.03373	0.00133	-0.00546	0.00413	0.02943	0.00680	0.00410	0.00665	0.03756	0.01578
Cabinda	0.01086	0.00482	0.01731	0.01031	-0.00116	0.00849	0.01987	0.01257	0.05259	0.00463	0.03601	0.00355	0.00410	0.02490	-0.00361
Mozambique	-0.00105	0.00788	0.01232	0.01802	0.00652	0.01875	0.03695	0.01265	0.02831	0.00530	0.03314	0.00905	0.01949	0.01465	0.01346
Guinée équatoriale	0.00714	0.00598	0.02340	0.01229	0.01251	0.00592	0.01740	0.00807	0.04011	0.00659	0.00879	0.00284	0.00702	0.02123	-0.00077
Tutsi Rouanda	0.00043	0.00700	0.01639	0.01865	0.01140	0.04314	0.01736	0.00096	0.02209	0.00510	0.01971	0.00246	0.02743	0.03099	0.04568
Andalousie	0.00667	0.00340	-0.00255	-0.00291	-0.00474	0.00068	-0.00192	0.00286	0.00084	0.00949	0.00169	0.00028	0.00140	-0.00222	0.01010
Autochtones d'Espagne	0.00416	0.03792	0.00204	0.00004	-0.00159	0.00190	-0.00009	-0.00094	0.01011	0.00012	-0.00062	0.16923	0.01404	-0.00223	0.00390
Belarusse	0.01073	-0.00063	0.01780	-0.00065	0.00153	-0.00330	-0.00077	0.00208	0.03158	0.00947	0.00077	0.00172	0.03521	0.00235	0.00050
Belgique	-0.00392	-0.00434	0.00348	-0.00193	-0.00093	-0.00193	-0.00135	-0.00087	0.01788	-0.00003	-0.00010	0.00112	0.00831	0.00047	0.00249
Macédonie	0.06230	-0.00353	-0.00405	-0.00090	-0.00515	0.00038	0.00189	-0.00101	0.01132	-0.00002	0.00035	0.00211	0.00177	-0.00348	-0.00159
Chine	0.03282	0.01272	0.00175	0.00191	0.01010	0.01802	0.03442	0.01534	0.07958	0.04330	0.03300	0.01719	0.01136	0.01758	-0.00132
Bangladesh	0.01931	0.00346	0.00001	-0.00132	0.00306	0.02567	0.02588	0.00245	-0.00423	0.01812	0.00863	0.00475	-0.00211	0.01451	0.00018
Corée	0.02534	0.00705	0.00296	0.01602	0.03105	0.01818	0.02091	0.02181	0.04239	0.04022	0.04293	0.01667	0.00424	0.01610	0.00357
Inde	0.00302	0.00098	0.02104	-0.00148	0.00487	0.01717	0.02780	0.01791	-0.00279	0.02637	0.03138	0.01685	0.00452	0.01212	0.00404
Taiwan	0.04233	0.00537	-0.00158	0.00464	0.02470	0.02010	0.03243	0.02500	0.04770	0.05031	0.02136	0.02105	0.02478	0.01344	0.00373
Thailande	0.03241	-0.00210	-0.00120	-0.00193	0.01171	0.01102	0.01999	0.01631	0.02315	0.06451	0.02136	0.02019	0.01896	0.00470	0.00749
Dubai	0.00421	0.00425	0.00043	0.00652	-0.00162	0.00852	0.00907	0.00609	0.00933	-0.00127	0.00914	0.00016	-0.00051	0.00247	-0.00166
Yemen	0.00313	0.00411	-0.00067	-0.00384	0.00291	0.00437	-0.00409	0.01087	0.01308	0.00001	0.02094	0.00882	0.00968	0.00175	0.00404
Oman	-0.00232	0.00254	-0.00236	-0.00109	-0.00359	0.01446	-0.00354	-0.00415	-0.00105	-0.00629	0.00283	0.00005	-0.00754	-0.00002	-0.00805
Arabie Saoudite	-0.00089	0.00529	0.00068	-0.00045	-0.00118	0.00896	0.00035	0.00107	0.03379	-0.00458	0.01245	0.00040	0.01013	0.00620	-0.00360
Iran	-0.00111	0.00254	0.00633	-0.00012	0.00117	0.00264	0.00739	0.00249	0.00034	0.00024	0.00279	0.00112	0.01044	-0.00129	-0.00036
Iraq	-0.00021	0.00386	-0.00111	-0.00425	-0.00296	0.00229	-0.00069	0.00136	0.00155	0.00994	0.01226	0.00852	0.01512	0.00089	0.00636
Costa Rica	0.01271	0.01053	0.00634	-0.00152	0.00001	0.00968	0.00533	-0.00131	0.02986	0.01345	0.00859	0.00698	0.00862	-0.00171	0.00184
Mexique	0.07562	0.02067	0.01807	0.00224	0.00822	0.01573	0.01502	0.01847	0.07396	0.05795	0.03520	0.03311	0.04077	0.00259	0.03372
Porto Rico	0.00182	-0.00077	-0.00018	-0.00078	-0.00103	0.02254	0.00268	0.00221	0.00620	0.00420	0.00595	-0.00119	0.00192	0.00131	0.00254
Venzuella	0.01237	-0.00018	0.00197	0.00000	-0.00353	0.00417	0.00406	-0.00125	0.02026	0.00800	0.00523	0.01066	0.01514	-0.00270	-0.00381

Tableau 11: Différenciation entre les populations au niveau des 15 STRs

Populations ARS/ZZ	D5S818	FGA	D8S1179	D21S11	D7S820	CSF1PO	D2S1338	D19S433	TH01	D13S317	D16S539	VWA	TPOX	D18S51	D3S1358
Asni	0.69980 ±0.0151	0.96120 ±0.0078	0.50510 ±0.0200	0.07600 ±0.0285	0.35610 ±0.0215	0.77115 ±0.0091	0.37000 ±0.0351	0.24085 ±0.0184	0.48895 ±0.0519	0.14660 ±0.0134	0.93845 ±0.0099	0.29945 ±0.0295	0.45810 ±0.0265	0.31125 ±0.0531	0.77505 ±0.0219
Bouhria	0.02430 ±0.0085	0.42140 ±0.0222	0.65595 ±0.0200	0.35695 ±0.0534	0.40405 ±0.0241	0.54570 ±0.0298	0.54885 ±0.0316	0.03745 ±0.0114	0.80110 ±0.0244	0.68715 ±0.0176	0.01055 ±0.0035	0.49435 ±0.0364	0.06085 ±0.0067	0.93240 ±0.0069	0.14180 ±0.0197
Siwa	0.82625 ±0.0137	0.59985 ±0.0321	0.32965 ±0.0233	0.99450 ±0.0027	0.39165 ±0.0277	0.02470 ±0.0054	0.14445 ±0.0260	0.00000 ±0.0000	0.05965 ±0.0216	0.08970 ±0.0129	0.01120 ±0.0052	0.15880 ±0.0288	0.28615 ±0.0202	0.16915 ±0.0350	0.62115 ±0.0214
Moslim Adaima	0.10955 ±0.0140	0.00265 ±0.0016	0.36340 ±0.0425	0.01295 ±0.0079	0.68035 ±0.0261	0.11240 ±0.0190	0.01000 ±0.0027	0.10460 ±0.0172	0.15530 ±0.0164	0.85625 ±0.0113	0.78895 ±0.0149	0.19660 ±0.0274	0.37800 ±0.0381	0.00000 ±0.0000	0.02610 ±0.0119
Copts Adaima	0.98605 ±0.0030	0.00000 ±0.0000	0.00000 ±0.0000	0.56240 ±0.0494	0.59800 ±0.0296	0.01075 ±0.0029	0.12240 ±0.0206	0.95095 ±0.0148	0.22575 ±0.0360	0.01450 ±0.0060	0.17040 ±0.0229	0.29905 ±0.0240	0.10860 ±0.0126	0.00000 ±0.0000	0.00355 ±0.0024
Cabinda	0.04960 ±0.0094	0.03860 ±0.0087	0.00000 ±0.0000	0.00475 ±0.0028	0.62305 ±0.0344	0.01200 ±0.0051	0.00215 ±0.0024	0.00035 ±0.0004	0.00000 ±0.0000	0.00940 ±0.0035	0.00000 ±0.0000	0.09180 ±0.0133	0.00970 ±0.0030	0.00000 ±0.0000	0.81195 ±0.0164
Mozambique	0.54995 ±0.0269	0.04210 ±0.0171	0.00000 ±0.0000	0.00000 ±0.0000	0.08255 ±0.0234	0.00655 ±0.0028	0.00000 ±0.0000	0.00190 ±0.0021	0.00000 ±0.0000	0.01700 ±0.0034	0.00000 ±0.0000	0.04865 ±0.0112	0.00000 ±0.0000	0.00000 ±0.0000	0.00935 ±0.0034
Guinée équatoriale	0.05360 ±0.0120	0.00260 ±0.0019	0.00000 ±0.0000	0.00490 ±0.0015	0.03955 ±0.0108	0.01855 ±0.0046	0.00000 ±0.0000	0.00021 ±0.0021	0.00000 ±0.0000	0.01610 ±0.0079	0.05905 ±0.0204	0.12870 ±0.0195	0.00185 ±0.0010	0.00000 ±0.0000	0.45020 ±0.0250
Tutsi Rouanda	0.56680 ±0.0269	0.01335 ±0.0070	0.00160 ±0.0013	0.00000 ±0.0000	0.12340 ±0.0303	0.00000 ±0.0000	0.00000 ±0.0000	0.00155 ±0.0012	0.00285 ±0.0010	0.02875 ±0.0098	0.00275 ±0.0029	0.06850 ±0.0155	0.00165 ±0.0011	0.00000 ±0.0000	0.00000 ±0.0000
Andalousie	0.03420 ±0.0060	0.45355 ±0.0341	0.81355 ±0.0153	0.82435 ±0.0227	0.78690 ±0.0196	0.42620 ±0.0172	0.86355 ±0.0155	0.44160 ±0.0241	0.62310 ±0.0268	0.10760 ±0.0073	0.56630 ±0.0278	0.33000 ±0.0377	0.07670 ±0.0121	0.79940 ±0.0232	0.01215 ±0.0028
Autochtones d'Espagne	0.00900 ±0.0037	0.00000 ±0.0000	0.20295 ±0.0468	0.44540 ±0.0456	0.43325 ±0.0368	0.25060 ±0.0420	0.34795 ±0.0305	0.27765 ±0.0438	0.00000 ±0.0000	0.54170 ±0.0267	0.12385 ±0.0122	0.00000 ±0.0000	0.00125 ±0.0012	0.87695 ±0.0249	0.21115 ±0.0337
Belarusse	0.02600 ±0.0078	0.03070 ±0.0186	0.00080 ±0.0003	0.23045 ±0.0396	0.37205 ±0.0354	0.37440 ±0.0354	0.19585 ±0.0433	0.70085 ±0.0275	0.00000 ±0.0000	0.18250 ±0.0259	0.33005 ±0.0403	0.09655 ±0.0164	0.00005 ±0.0001	0.16490 ±0.0268	0.26340 ±0.0240
Belgique	0.14650 ±0.0231	0.59090 ±0.0411	0.20910 ±0.0293	0.71360 ±0.0314	0.60560 ±0.0367	0.26900 ±0.0216	0.71550 ±0.0259	0.74125 ±0.0291	0.04580 ±0.0198	0.38480 ±0.0166	0.68720 ±0.0246	0.43750 ±0.0215	0.10390 ±0.0218	0.17330 ±0.0326	0.09815 ±0.0361
Macédoine	0.00000 ±0.0000	0.72535 ±0.0248	0.72395 ±0.0200	0.21415 ±0.0454	0.73050 ±0.0242	0.28795 ±0.0375	0.10630 ±0.0186	0.68585 ±0.0329	0.09660 ±0.0234	0.29920 ±0.0212	0.75495 ±0.0200	0.29610 ±0.0294	0.27125 ±0.0212	0.85590 ±0.0219	0.85005 ±0.0091
Chine	0.00000 ±0.0000	0.00000 ±0.0000	0.12915 ±0.0324	0.01570 ±0.0042	0.03065 ±0.0088	0.00625 ±0.0035	0.00000 ±0.0000	0.00000 ±0.0000	0.00000 ±0.0000	0.00000 ±0.0000	0.00000 ±0.0000	0.00000 ±0.0000	0.00050 ±0.0005	0.00000 ±0.0000	0.55900 ±0.0167
Bangladesh	0.28430 ±0.0201	0.13280 ±0.0363	0.04545 ±0.0130	0.64120 ±0.0238	0.20555 ±0.0300	0.60355 ±0.0183	0.05310 ±0.0133	0.27710 ±0.0287	0.74685 ±0.0323	0.13605 ±0.0195	0.33725 ±0.0285	0.13830 ±0.0276	0.01755 ±0.0059	0.77670 ±0.0374	0.75000 ±0.0316
Corée	0.00010 ±0.0001	0.16395 ±0.0208	0.19450 ±0.0169	0.58665 ±0.0454	0.13285 ±0.0280	0.00680 ±0.0067	0.00000 ±0.0000	0.03855 ±0.0096	0.97495 ±0.0058	0.00000 ±0.0000	0.05650 ±0.0137	0.03420 ±0.0141	0.33135 ±0.0316	0.03520 ±0.0124	0.37850 ±0.0394
Inde	0.00000 ±0.0000	0.00065 ±0.0005	0.22765 ±0.0282	0.00765 ±0.0055	0.00000 ±0.0000	0.01225 ±0.0045	0.00000 ±0.0000	0.00000 ±0.0000	0.00000 ±0.0000	0.00000 ±0.0000	0.00000 ±0.0000	0.00000 ±0.0000	0.05310 ±0.0066	0.00040 ±0.0003	0.34390 ±0.0260
Taiwan	0.09490 ±0.0111	0.16655 ±0.0243	0.00000 ±0.0000	0.51715 ±0.0316	0.00960 ±0.0041	0.05325 ±0.0105	0.00000 ±0.0000	0.00055 ±0.0005	0.90445 ±0.0147	0.00000 ±0.0000	0.00000 ±0.0000	0.02215 ±0.0078	0.08025 ±0.0096	0.00440 ±0.0023	0.49125 ±0.0361
Thailande	0.00000 ±0.0000	0.00065 ±0.0007	0.84725 ±0.0190	0.00000 ±0.0000	0.00000 ±0.0000	0.00000 ±0.0000	0.00000 ±0.0000	0.00000 ±0.0000	0.00000 ±0.0000	0.00000 ±0.0000	0.00000 ±0.0000	0.00000 ±0.0000	0.00000 ±0.0000	0.00000 ±0.0000	0.04520 ±0.0137

Tableau 11 : Différenciation entre les populations au niveau des 15 STRs (Suite)

Populations RS///	D5S818	FGA	D8S1179	D21S11	D7S820	CSF1PO	D2S1338	D19S433	TH01	D13S317	D16S539	VWA	TPOX	D18S51	D3S1358
Dubai	0.00000 ±0.0000	0.18645 ±0.0389	0.30875 ±0.0262	0.63155 ±0.0327	0.06820 ±0.0098	0.07905 ±0.0116	0.01290 ±0.0123	0.00000 ±0.0000	0.00025 ±0.0002	0.00000 ±0.0000	0.00010 ±0.0001	0.00000 ±0.0000	0.02430 ±0.0056	0.10075 ±0.0195	0.16140 ±0.0166
Yemen	0.18360 ±0.0300	0.01765 ±0.0080	0.26420 ±0.0238	0.14190 ±0.0376	0.35545 ±0.0345	0.19200 ±0.0310	0.06595 ±0.0136	0.00265 ±0.0010	0.02310 ±0.0132	0.36695 ±0.0287	0.04635 ±0.0154	0.07965 ±0.0209	0.09755 ±0.0128	0.19960 ±0.0293	0.85585 ±0.0233
Oman	0.08660 ±0.0177	0.12970 ±0.0284	0.32840 ±0.0235	0.89320 ±0.0202	0.37720 ±0.0324	0.25000 ±0.0290	0.93175 ±0.0152	0.04190 ±0.0166	0.18900 ±0.0391	0.50000 ±0.0231	0.02635 ±0.0073	0.05880 ±0.0098	0.10660 ±0.0198	0.45755 ±0.0341	0.37325 ±0.0206
Arabie Saoudite	0.40015 ±0.0301	0.23670 ±0.0182	0.64820 ±0.0215	0.83705 ±0.0180	0.27445 ±0.0412	0.11410 ±0.0152	0.88395 ±0.0154	0.60880 ±0.0250	0.88360 ±0.0199	0.90645 ±0.0091	0.47365 ±0.0428	0.61285 ±0.0225	0.89750 ±0.0119	0.65595 ±0.0277	0.95240 ±0.0045
Iran	0.21590 ±0.0224	0.10400 ±0.0264	0.32990 ±0.0213	0.93340 ±0.0182	0.74195 ±0.0220	0.38285 ±0.0161	0.49615 ±0.0392	0.26785 ±0.0243	0.00880 ±0.0043	0.80145 ±0.0208	0.17820 ±0.0376	0.45315 ±0.0248	0.09810 ±0.0191	0.20775 ±0.0228	0.90290 ±0.0112
Iraq	0.43010 ±0.0371	0.22760 ±0.0368	0.45420 ±0.0242	0.89390 ±0.0123	0.53535 ±0.0380	0.58615 ±0.0143	0.36960 ±0.0271	0.46005 ±0.0412	0.84635 ±0.0228	0.06660 ±0.0125	0.07925 ±0.0153	0.07665 ±0.0107	0.03225 ±0.0068	0.51050 ±0.0314	0.25340 ±0.0146
Costa Rica	0.00000 ±0.0000	0.01430 ±0.0097	0.08175 ±0.0179	0.88940 ±0.0202	0.43205 ±0.0342	0.18795 ±0.0299	0.04285 ±0.0224	0.48085 ±0.0257	0.00000 ±0.0000	0.00060 ±0.0005	0.00305 ±0.0018	0.03555 ±0.0076	0.00000 ±0.0000	0.63465 ±0.0431	0.24345 ±0.0257
Mexique	0.00000 ±0.0000	0.00000 ±0.0000	0.00915 ±0.0061	0.49440 ±0.0324	0.05070 ±0.0181	0.00885 ±0.0037	0.00385 ±0.0021	0.00000 ±0.0000	0.00000 ±0.0000	0.00000 ±0.0000	0.00000 ±0.0000	0.00000 ±0.0000	0.00000 ±0.0000	0.01100 ±0.0068	0.00000 ±0.0000
Porto Rico	0.00215 ±0.0015	0.34870 ±0.0519	0.32860 ±0.0332	0.72265 ±0.0348	0.22580 ±0.0265	0.03600 ±0.0186	0.13900 ±0.0134	0.00000 ±0.0000	0.02500 ±0.0146	0.15615 ±0.0211	0.11790 ±0.0177	0.16905 ±0.0202	0.00280 ±0.0020	0.10310 ±0.0188	0.38200 ±0.0404
Venzuella	0.00235 ±0.0020	0.49775 ±0.0445	0.35785 ±0.0323	0.63830 ±0.0484	0.81745 ±0.0240	0.47630 ±0.0244	0.13920 ±0.0283	0.41230 ±0.0283	0.00000 ±0.0000	0.01365 ±0.0032	0.00755 ±0.0057	0.00470 ±0.0031	0.00100 ±0.0009	0.68490 ±0.0266	0.93795 ±0.0123

IV. ETUDE PHYLOGENETIQUE

Deux contextes d'ampleurs différentes ont étés pris en considération :

- Un contexte **Afro-Méditerranéen** : Pour une analyse régionale visant à situer génétiquement cet échantillon par rapport aux populations voisines avec lesquelles il partage des traits ou barrières culturels, sociaux et /ou géographiques.

- Un contexte **mondial** visant à réaménager la structure génétique établie dans le contexte régional par rapport aux échanges inter-populationnels (migration, effets fondateurs…) qui ont eu lieu au cours de l'histoire de l'humanité tout en dépistant d'éventuels apports d'autres populations dans le patrimoine génétique de la population arabophone de Rabat-Salé-Zemmour-Zaër traduits par un repositionnement phylogénétique de celle-ci.

IV.1. La phylogénie dans le contexte Afro-Méditerranéen

Pour l'étude à l'échelle régionale, les fréquences alléliques de quatre populations sub-sahariennes, six populations Nord-Africaines et trois populations du nord du bassin méditerranéen ont été introduites à l'analyse. La figure 23 présente les résultats de l'analyse en composantes principales réalisée à partir de ces fréquences. Les deux premiers axes du graphique représentent 57,53% de la variance totale.

La dispersion des nuages de points traduit une structuration claire des populations en deux groupes distincts (Figure 23). Le premier groupe renferme les populations sub-sahariennes reflétant, ainsi, leur homogénéité génétique et à titre parallèle leur situation géographique par rapport aux restes des populations. Les populations Nord-Africaines s'organisent au sein du même groupe à côté des populations Nord-Méditerranéennes témoignant, ainsi, d'une grande affinité génétique traduisant à la fois le rapprochement géographique, socioculturel et historique.

Au sein de ce même groupe, on assiste à une sub-structuration des populations en deux sous-goupes relativement distincts (Figure 23). Le premier sous-groupe est constitué des populations Nord-Africaines, à l'exception des arabophones de la région de Rabat-Salé-Zemmour-Zaër qui se positionne à côté des populations Nord-Méditerranéennes au sein du deuxième sous-groupe. Au-delà de la proximité géographique, le contexte historique semble présenter une explication encore plus fiable à cette affinité génétique. En effet, une forte migration des musulmans Andalous vers la région de Rabat-Salé-Zemmour-Zaër a eu lieu en 1610 d'après Ibn Khaldoun. L'arbre phylogénétique établi à partir des fréquences alléliques (Figure 24) confirme fidèlement cette structure avec toujours un échantillon des arabophones de la région de Rabat-Salé-Zemmour-Zaër plus proche des populations Nord-Méditerranéennes.

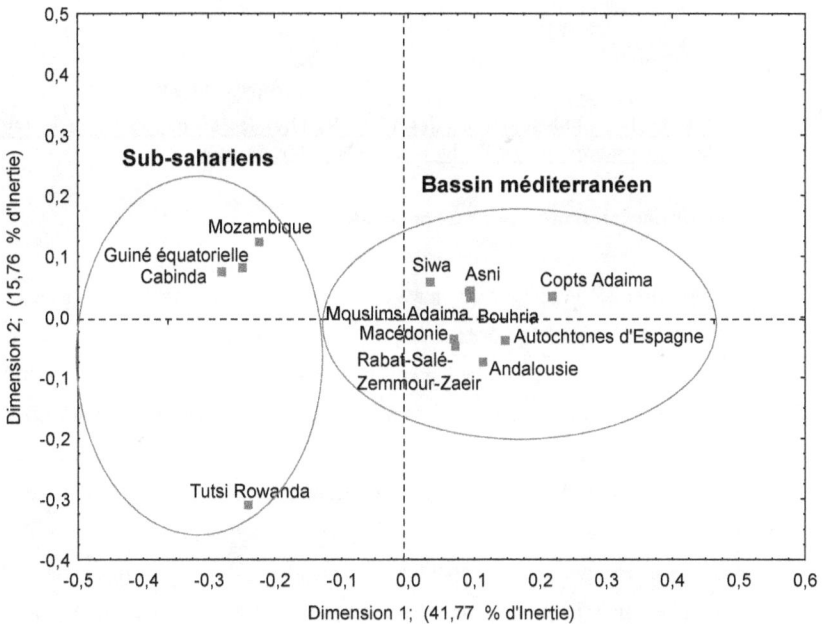

Figure 23 : Analyse en composantes principales des 15 STRs chez l'échantillon des arabophones de la région de Rabat-Salé-Zemmour-Zaër à l'échelle Afro-Méditerranéenne

91

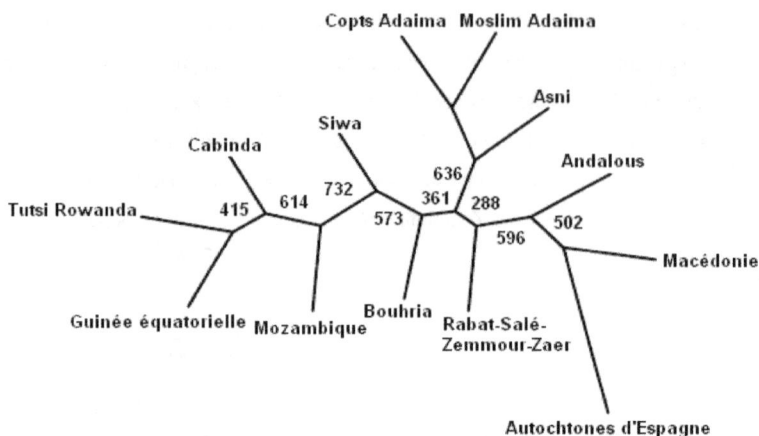

Figure 24 : Arbre phylogénétique des 15 STRs chez les arabophones de la région de Rabat-Salé-Zemmour-Zaër à l'échelle Afro-Méditerranéenne

IV.2. La phylogénie dans le contexte mondial

La figure 25 présente le résultat de l'analyse en composantes principales effectuée après l'introduction des fréquences alléliques de 18 autres populations dans le cadre d'une étude à l'échelle mondiale. Les deux premiers axes du graphique représentent 54,88% de la variance totale. A l'issue de cette analyse on assiste à une structure plus ou moins différente de celle établie à l'échelle régionale. Cette restructuration traduit, en effet, l'impact de l'alternance historique des différentes affinités génétiques qui ont eu lieu entre les différentes populations mondiales. Cette alternance elle-même étant le fruit des remaniements de la carte socioculturelle, économique et géopolitique du monde, ainsi que du progrès technologique que celui-ci a connu. En considérant les grands groupes, les populations du Moyen-Orient et du Nord d'Afrique occupent une situation centrale par rapport aux populations de l'Asie de l'Est, celles du Nord de la Méditerranée et de l'Amérique latine, et des populations subsahariennes. Cette disposition reflète l'importance de la proximité géographique, culturelle et religieuse. C'est le cas de l'inde, du Bangladesh, des Andalous, du Porto-Rico et du Mozambique qui témoignent d'une certaine affinité par rapport aux populations du Moyen-Orient et du Nord de l'Afrique. Cette structure concorde, en effet, parfaitement avec les résultats de Coudray (2006).

En considérant l'ensemble des populations, nos arabophones de la région de Rabat-Salé-Zemmour-Zaër occupent une position centrale et semble retrouver leur position équilibrée après avoir introduit les populations mondiales. En effet, contrairement au contexte régional, l'échantillon des rabophones de la région de Rabat-Salé-Zemmour-Zaër s'est détaché des populations Nord-Méditerranéennes pour rejoindre les populations du Moyen-Orient et du Nord de l'Afrique. L'ancienneté de l'effet fondateur joue un rôle important dans ce repositionnement. En effet, les Arabes fondateurs de la population Rabat-Salé-Zemmour-Zaër ne sont autres que les musulmans qui ont migré depuis le Moyen-Orient pour s'installer dans la région de Rabat-Salé-Zemmour-Zaër avant 1150 (Muquadima d'Ibn Khaldoun), soit environ cinq siècle avant l'arrivée des réfugiés musulmans de l'Andalousie. L'arbre phylogénétique établi (Figure 26) confirme la structure révélée lors de l'analyse en composantes principales, avec les populations du Moyen-Orient et du Nord de l'Afrique toujours en position intermédiaire.

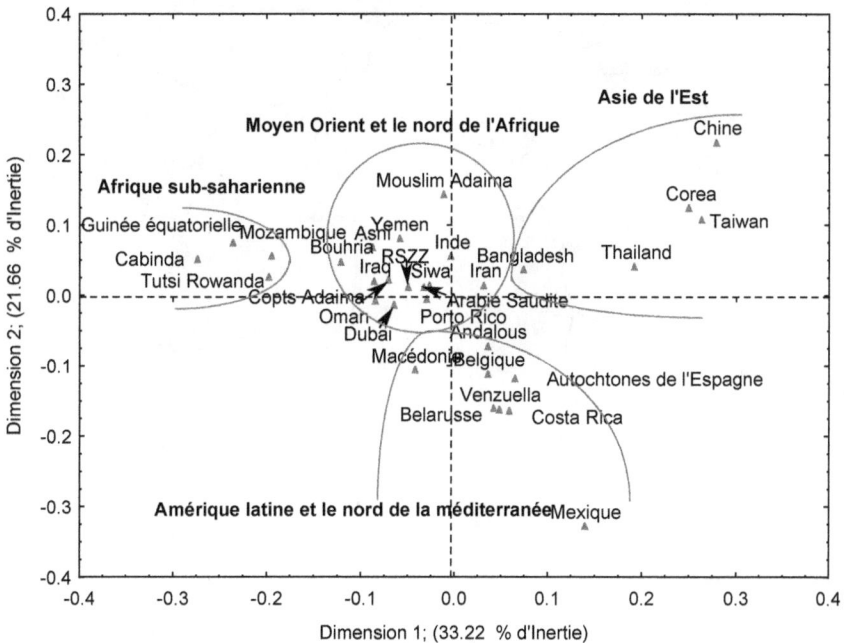

Figure 25 : Analyse en composantes principales des 15 STRs chez l'échantillon des arabophones de la région de Rabat-Salé-Zemmour-Zaër à l'échelle mondiale

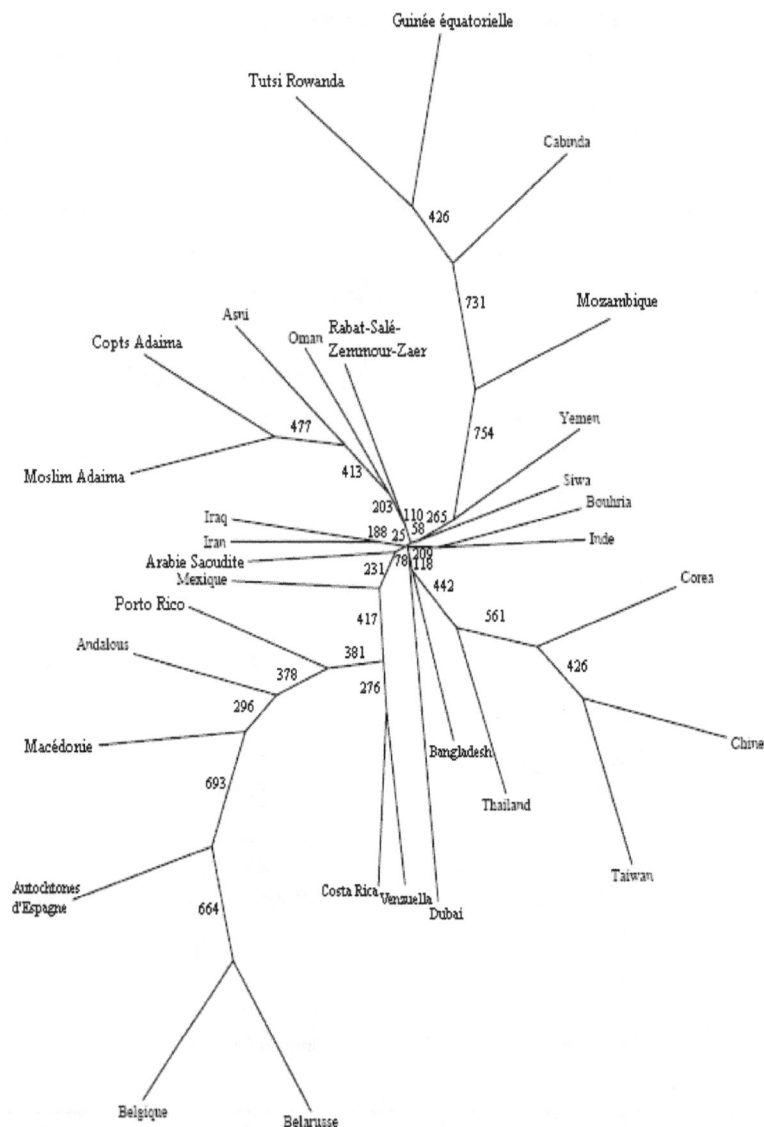

Figure 26 : Arbre phylogénétique des 15 STRs chez les arabophones de la région de Rabat-Salé-Zemmour-Zaër à l'échelle mondiale

V. ETUDE DE LA DIVERSITE GENETIQUE DANS LES GROUPES POPULATIONNELS

L'**AMOVA** (*Analysis of MOlecular VAriance*) ou Analyse de la Variance Moléculaire permet d'étudier la diversité génétique des populations d'une même espèce selon différents critères : géographiques, culturels, linguistiques, etc. (Excoffier *et al*. 1992). Elle est basée à la fois sur l'analyse de la variance des fréquences géniques et sur le nombre de mutations entre les haplotypes moléculaires. Sur la base d'une division hiérarchique des populations selon des critères non génétiques, l'approche estime les composants de la variance totale observée à trois niveaux : (1) dans une population, (2) entre les populations et (3) entre des groupes de populations. Elle fournit également trois indices basés sur la F-statistique proposée par Wright (1978) et corrigée par Weir et Cockerham (1984) :

- L'indice F_{ST} : il représente le degré de diversité génétique entre populations, indépendamment de la structure de groupes. Il corrèle la diversité moléculaire entre deux haplotypes pris au hasard dans une population à celle entre deux haplotypes pris au hasard dans l'ensemble des populations. La diversification entre les populations est considérée comme faible pour des valeurs de 0 à 0,05, modérée entre 0,05 et 0,15, importante entre 0,15 et 0,25 et très importante au-delà de 0,25 (Weir et Cockerham 1984).

- L'indice F_{SC} : il représente la diversité au sein des groupes de populations. Il corrèle la diversité moléculaire entre deux haplotypes pris au hasard dans une population à celle entre deux haplotypes pris au hasard dans le groupe de populations correspondant.

- L'indice F_{CT} : il représente la diversité entre les groupes de populations. Il corrèle la diversité moléculaire entre deux haplotypes pris au hasard dans un groupe de populations à celle entre deux haplotypes pris au hasard dans l'ensemble des groupes de populations.

Lorsque l'indice F_{CT} est nettement supérieur à l'indice F_{SC}, alors il y a une structuration de la diversité génétique observée en fonction du critère choisi. A l'inverse, lorsque la valeur de F_{CT} est inférieure (ou théoriquement égale à zéro) à celle de F_{SC}, alors il n'y a pas de différenciation génétique entre les groupes de populations.

Lorsqu'on n'a pas accès aux données moléculaires des marqueurs étudiés, on a recours non pas à des AMOVA mais à des **ANOVA** (Analyse de la Variance). Ces analyses construisent et analysent un modèle statistique permettant d'expliquer les modulations d'une variable (fréquences génétiques) à partir d'autres variables (géographie, linguistique, etc.).

L'utilisation et l'interprétation des trois niveaux hiérarchiques (intra-population, inter populations et intergroupes) et des indices F_{ST}, F_{SC} et F_{CT} restent la même. L'AMOVA est en fait une adaptation de l'ANOVA, pour des données moléculaires.

V.1. Contexte géographique

Pour évaluer statistiquement l'implication du facteur géographique dans la définition de la structure génétique de populations intégrées dans l'étude, nous avons effectué une analyse de variance (ANOVA) sur les différents contextes géographiques. Les populations ont été ainsi réparties en six groupes géographiques comme illustré dans le tableau 12.

Tableau 12: Définition de la structure géo-génétique testée

	Contexte géographique	Populations introduites
Groupe 1	*Nord-Afrique*	ARSZZ
		Asni
		Bouhria
		Siwa
		Moslim Adaima
		Copts Adaima
Groupe 2	*Afrique Sub-saharienne*	Cabinda
		Mozambique
		Guinée Equatoriale
		Tutsi Rouanda
Groupe 3	*Nord de la méditerranée*	Andalousie
		Autochtones de l'Espagne
		Belarusse
		Belgique
		Macédonie
Groupe 4	*Asie de l'Est*	Chine
		Bangladesh
		Corée
		Inde
		Taiwan
		Thailande
Groupe 5	*Moyen-Orient*	Dubaï
		Yémen
		Oman
		Arabie Saoudite
		Iran
		Iraq
Groupe 6	*Amérique latine*	Costa Rica
		Mexique
		Porto Rico
		Venezuela

Tableau 13: Pourcentages de variation (ANOVA) et indices de fixation calculés pour chaque locus (Structure géographique)

Locus STR	Pourcentage de variation			Indices de fixation (significativité)
	Entre les groupes	Entre les populations d'un même groupe	Au sein des populations	
D5S818	1.28	1.03	97.69	Fsc : 0.01040 (+) Fst : 0.02311 (+) Fct : 0.01284 (+)
FGA	0.66	0.53	98.81	Fsc : 0.00533 (+) Fst : 0.01189 (+) Fct : 0.00659 (+)
D8S1179	0.77	0.26	98.97	Fsc : 0.00260 (+) Fst : 0.01026 (+) Fct : 0.00768 (+)
D21S11	0.83	0.10	99.07	Fsc : 0.00101 (-) Fst : 0.00925 (+) Fct : 0.00825 (+)
D7S820	1.38	0.15	98.47	Fsc : 0.00154 (-) Fst : 0.01529 (+) Fct : 0.01377 (+)
CSF1PO	0.64	0.20	99.15	Fsc : 0.00204 (+) Fst : 0.00847 (+) Fct : 0.00644 (+)
TH01	3.88	1.59	94.53	Fsc : 0.01651 (+) Fst : 0.05472 (+) Fct : 0.03885 (+)
D13S317	2.62	0.29	97.08	Fsc : 0.00303 (+) Fst : 0.02916 (+) Fct : 0.02621 (+)
D16S539	1.13	0.28	98.59	Fsc : 0.00282 (+) Fst : 0.01412 (+) Fct : 0.01134 (+)
D2S1338	1.55	0.40	98.05	Fsc : 0.00408 (+) Fst : 0.01953 (+) Fct : 0.01551 (+)
D19S433	1.22	0.22	98.56	Fsc : 0.00220 (+) Fst : 0.01436 (+) Fct : 0.01218 (+)
vWA	2.08	2.61	95.31	Fsc : 0.02667 (+) Fst : 0.04690 (+) Fct : 0.02079 (+)
TPOX	1.22	0.73	98.05	Fsc : 0.00737 (+) Fst : 0.01951 (+) Fct : 0.01223 (+)
D18S51	1.13	0.18	98.69	Fsc : 0.00182 (+) Fst : 0.01307 (+) Fct : 0.01127 (+)
D3S1358	0.65	0.56	98.79	Fsc : 0.00569 (+) Fst : 0.01215 (+) Fct : 0.00650 (+)

Fst, Fsc et Fct : indices de fixation de Wrigth

L'évaluation a été effectuée sur la base des indices de fixation. Le tableau 13 résume les résultats obtenus pour chaque locus. Les indices Fst de tous les systèmes loci reflètent une diversité génétique significative entre les populations. De même, A l'exception des loci D21S11 et D7S820, l'ensemble des loci témoignent d'une diversité génétique significative au sein des groupes de populations. En considérant l'indice Fct, tous les loci traduisent une corrélation significative entre la structure génétique et la structure géographique des groupes populationnels définis. Les valeurs plus élevées des indices Fct par rapport à celles des indices Fsc au niveau de tous les loci, à l'exception de vWA, ratifient l'ampleur de la diversité génétique entre les populations ressortissantes de contextes géographiques différents.

V.2. Contexte linguistique

Nous avons réalisé la même analyse de variance précédente en vérifiant cette fois l'implication du facteur « langue » dans la structuration génétique des populations. Les populations ont été, ainsi, réparties selon leur contexte linguistique (Les populations qui présentent un certain rapprochement linguistique ont été mises dans le même groupe populationnel) (Tableau 14).

Tableau 14: Définition de la structure lingua-génétique testée

	Contexte linguistique	Populations introduites
Groupe 1	*Berbérophone*	Siwa
		Asni
		Bouhria
Groupe 2	*Arabophone*	ARSZZ
		Moslim Adaima
		Copts Adaima
		Dubaï
		Yémen
		Oman
		Arabie Saoudite
		Iraq
Groupe 3	*Perséphone*	Iran
Groupe 4	*Langues Sub-sahariennes*	Cabinda
		Mozambique
		Guinée Equatoriale
		Tutsi Rouanda
Groupe 5	*Hispanophone*	Andalousie
		Autochtones de l'Espagne
		Costa Rica
		Mexique
		Porto Rico
		Venzuela
Groupe 6	*Russophone*	Belarusse
Groupe 7	*Francophone*	Belgique
Groupe 8	*Macédoine*	Macédonie
Groupe 9	*Asiatique*	Chine
		Taiwan
		Corée
		Thailande
Groupe 10	*Bangladais et indien*	Inde
		Bangladesh

Le tableau 15 résume les résultats obtenus pour chaque locus. Les indices Fst de tous les loci reflètent une diversité génétique significative entre les populations. Comme pour la structure géographique, à l'exception des loci D21S11 et D7S820, l'ensemble des loci témoignent d'une diversité génétique significative au sein des groupes de populations. En considérant l'indice Fct, mis à part les loci FGA, vWA et D3S1358, tous les loci traduisent une corrélation significative entre la structure génétique et la structure linguistique des groupes populationnels définis. Les populations ressortissantes de contextes linguistiques différents témoignent bien d'une grande diversité génétique.

Tableau 15: Pourcentages de variation (ANOVA) et indices de fixation calculés pour chaque locus (Structure linguistique)

Locus STR	Pourcentage de variation			Indices de fixation (significativité)
	Entre les groupes	Entre les populations d'un même groupe	Au sein des populations	
D5S818	2.06	0.34	97.60	Fsc : 0.00350 (+) Fst : 0.02399 (+) Fct : 0.02056 (+)
FGA	0.15	0.96	98.88	Fsc : 0.00966 (+) Fst : 0.01116 (+) Fct : 0.00151 (-)
D8S1179	0.88	0.16	98.96	Fsc : 0.00101 (+) Fst : 0.01037 (+) Fct : 0.00881 (+)
D21S11	0.87	0.06	99.07	Fsc : 0.00057 (-) Fst : 0.00925 (+) Fct : 0.00869 (+)
D7S820	1.47	0.06	98.47	Fsc : 0.00061 (-) Fst : 0.01532 (+) Fct : 0.01472 (+)
CSF1PO	0.55	0.28	99.17	Fsc : 0.00277 (+) Fst : 0.00831 (+) Fct : 0.00555 (+)
TH01	4.01	1.46	94.54	Fsc : 0.01516 (+) Fst : 0.05463 (+) Fct : 0.04008 (+)
D13S317	2.31	0.55	97.14	Fsc : 0.00563 (+) Fst : 0.02859 (+) Fct : 0.02309 (+)
D16S539	0.76	0.59	98.64	Fsc : 0.00597 (+) Fst : 0.01356 (+) Fct : 0.00763 (+)
D2S1338	1.49	0.44	98.07	Fsc : 0.00446 (+) Fst : 0.01931 (+) Fct : 0.01492 (+)
D19S433	1.04	0.36	98.60	Fsc : 0.00365 (+) Fst : 0.01405 (+) Fct : 0.01044 (+)
vWA	0.63	3.86	95.51	Fsc : 0.03882 (+) Fst : 0.04490 (+) Fct : 0.00633 (-)
TPOX	1.50	0.48	98.02	Fsc : 0.00489 (+) Fst : 0.01980 (+) Fct : 0.01498 (+)
D18S51	1.03	0.25	98.71	Fsc : 0.00257 (+) Fst : 0.01286 (+) Fct : 0.01032 (+)
D3S1358	0.25	0.91	98.84	Fsc : 0.00908 (+) Fst : 0.01157 (+) Fct : 0.00251 (-)

Fst, Fsc et Fct : indices de fixation de Wrigth

V.3. Contexte géolinguistique

Les populations ressortissantes de contextes linguistiques et géographiques différents témoignent bien d'une grande diversité génétique. Toutefois, le chevauchement entre le contexte linguistique et géographique (ces facteurs ne procédant pas forcément d'une manière indépendante) dissimile la force de l'impact de chacun d'eux sur les convergences ou les divergences génétiques entre les populations. Pour déceler cette force d'impact et comprendre la synergie qui régit l'action de ces deux facteurs, nous avons effectué deux analyses supplémentaires lors de chacune nous avons neutralisé l'un des deux facteurs (Tableau 16).

Tableau 16: Définition des structures géolinguistiques testées

Analyses	Groupes	Contexte géolinguistique	Populations
Analyse 1	**Groupe 1**	Berbérophones Nord-Africains	Bouhria
			Siwa
			Asni
	Groupe 2	Arabophones Nord-Africains	ARSZZ
			Copts Adaima
			Moslims Adaima
Analyse 2	**Groupe 1**	Arabophones Nord-Africains	RSZZ
			Copts Adaima
			Moslims Adaima
	Groupe 2	Arabophones du Moyen-Orient	Dubaï
			Yémen
			Oman
			Arabie Saoudite
			Iraq

Lors de la première analyse nous avons essayé d'apprécier la structure génétique des populations qui partagent la même aire géographique (Nord de l'Afrique) mais avec des contextes linguistiques différents (Le Berbère et l'Arabe). Lors de la deuxième analyse nous avons essayé d'apprécier la structure génétique des populations parlant la même langue (L'Arabe) mais ressortissantes de contextes géographiques distincts (Moyen-Orient et Nord de l'Afrique).

Tableau 17: Pourcentages de variation (ANOVA) et indices de fixation calculés pour chaque locus (Structure linguistique Nord-Africaine)

Locus STR	Pourcentage de variation			Indices de fixation (significativité)
	Entre les groupes	Entre les populations d'un même groupe	Au sein des populations	
D5S818	0.18	0.20	99.62	Fsc : 0.00203 (-) Fst : 0.00380 (-) Fct : 0.00177 (-)
FGA	-0.14	0.27	99.87	Fsc : 0.00269 (-) Fst : 0.00127 (-) Fct : -0.00143 (-)
D8S1179	-0.38	0.81	99.57	Fsc : 0.00811 (+) Fst : 0.00432 (+) Fct : -0.00381 (-)
D21S11	-0.33	0.45	99.88	Fsc : 0.00444 (-) Fst : 0.00119 (-) Fct : -0.00326 (-)
D7S820	-0.07	0.44	99.63	Fsc : 0.00440 (-) Fst : 0.00371 (-) Fct : -0.00069 (-)
CSF1PO	-0.61	1.07	99.54	Fsc : 0.01060 (+) Fst : 0.00457 (+) Fct : -0.00609 (-)
TH01	0.09	0.52	99.39	Fsc : 0.00517 (-) Fst : 0.00608 (+) Fct : 0.00091 (-)
D13S317	-0.41	1.03	99.38	Fsc : 0.01030 (+) Fst : 0.00622 (+) Fct : -0.00412 (-)
D16S539	-0.15	0.70	99.45	Fsc : 0.00698 (+) Fst : 0.00553 (+) Fct : -0.00146 (-)
D2S1338	0.31	0.88	98.81	Fsc : 0.00880 (+) Fst : 0.01190 (+) Fct : 0.00312 (-)
D19S433	-0.09	0.76	99.34	Fsc : 0.00759 (+) Fst : 0.00665 (+) Fct : -0.00095 (-)
vWA	-0.27	0.55	99.72	Fsc : 0.00546 (-) Fst : 0.00277 (-) Fct : -0.00271 (-)
TPOX	-0.28	0.41	99.87	Fsc : 0.00413 (-) Fst : 0.00129 (-) Fct : -0.00285 (-)
D18S51	-0.18	1.54	98.64	Fsc : 0.01535 (+) Fst : 0.01356 (+) Fct : -0.00182 (-)
D3S1358	0.22	0.38	99.40	Fsc : 0.00378 (-) Fst : 0.00598 (-) Fct : 0.00221 (-)

Fst, Fsc et Fct : indices de fixation de Wrigth

Tableau 18: Pourcentages de variation (ANOVA) et indices de fixation calculés pour chaque locus (Structure géographique-Arabophone)

Locus STR	Pourcentage de variation			Indices de fixation (significativité)
	Entre les groupes	Entre les populations d'un même groupe	Au sein des populations	
D5S818	0.01	0.17	99.82	Fsc : 0.00171 (-) Fst : 0.00177 (-) Fct : 0.00005 (-)
FGA	0.36	0.02	99.62	Fsc : 0.00023 (-) Fst : 0.00379 (-) Fct : 0.00356 (+)
D8S1179	0.06	0.40	99.54	Fsc : 0.00403 (+) Fst : 0.00462 (+) Fct : 0.00058 (-)
D21S11	-0.10	0.23	99.87	Fsc : 0.00228 (-) Fst : 0.00132 (-) Fct : -0.00096 (-)
D7S820	0.12	-0.36	100.24	Fsc : -0.00364 (-) Fst : -0.00240 (-) Fct : 0.00124 (-)
CSF1PO	-0.19	0.32	99.87	Fsc : 0.00322 (-) Fst : 0.00131 (-) Fct : -0.00192 (-)
TH01	0.27	0.94	98.79	Fsc : 0.00944 (+) Fst : 0.01210 (+) Fct : 0.00269 (-)
D13S317	0.16	0.49	99.35	Fsc : 0.00494 (-) Fst : 0.00652 (+) Fct : 0.00160 (-)
D16S539	1.08	-0.20	99.12	Fsc : -0.00199 (-) Fst : 0.00878 (-) Fct : 0.01075 (-)
D2S1338	-0.14	0.46	99.68	Fsc : 0.00459 (+) Fst : 0.00321 (+) Fct : -0.00139 (-)
D19S433	0.27	-0.07	99.80	Fsc : -0.00070 (-) Fst : 0.00201 (-) Fct : 0.00271 (-)
vWA	0.53	-0.04	99.51	Fsc : -0.00039 (-) Fst : 0.00491 (-) Fct : 0.00530 (+)
TPOX	0.08	0.29	99.63	Fsc : 0.00291 (-) Fst : 0.00373 (-) Fct : 0.00082 (-)
D18S51	0.10	0.85	99.05	Fsc : 0.00850 (+) Fst : 0.00947 (+) Fct : 0.00098 (-)
D3S1358	0.02	0.22	99.76	Fsc : 0.00222 (-) Fst : 0.00243 (-) Fct : 0.00021 (-)

Fst, Fsc et Fct : indices de fixation de Wrigth

Les résultats de la première analyse (Tableau 17) montrent que la moitié des loci présente une diversité génétique significative entre les populations et au sein de chacun des deux groupes. Cependant, aucun des 15 loci ne témoigne d'une différenciation génétique entre les deux groupes linguistiques. Le contexte géographique semble rapprocher les deux groupes linguistiques cohabitant et par conséquence leur deux pools génétiques.

La deuxième analyse (Tableau 18) montre plus d'homogénéité génétique entre les populations et au sein des groupes. En effet, seuls cinq loci affichent des valeurs significatives de l'indice Fst dont quatre affichent également des indices Fsc significatifs. Par ailleurs, à l'exception des loci FGA et vWA, aucun des marqueurs étudiés ne témoigne d'une diversité génétique déclarée entre les deux groupes géographiques. L'unité linguistique semble, donc, réduire voire neutraliser les distances géographiques entre les groupes populationnels

Les Anovas reflètent aussi les caractères hautement polymorphes et discriminants de ces 15 STRs considérés. Il faut souligner que les microsatellites ont été préférentiellement choisis pour distinguer très clairement un individu d'un autre, même s'ils appartiennent tous les deux à la même population.

A l'issue de ces deux analyses, il est évident qu'il y a un effet synergique entre les facteurs linguistiques et géographiques de telle façon que chacun de ces deux facteurs neutralise l'effet de l'autre facteur. Il s'agit donc d'un équilibre visant à maintenir la circulation des flux géniques entre les populations ressortissantes de contextes environnementaux différents. Ces échanges étant, en effet, la résultante des effets combinés de plusieurs facteurs socio-économiques, culturels, géographiques, démographiques... le concept de l'isolat et de barrières est devenu très relatif. Les populations aussi différentes qu'elles peuvent être, chevauchent dans l'un ou l'autre des facteurs qui peuvent les rapprocher à un moment donné.

VI. Conclusion

Les résultats obtenus chez l'échantillon des arabophones de la région de Rabat-Salé-Zemmour-Zaër confirment le potentiel discriminant important de ces marqueurs, avec une valeur importante au niveau du locus D18S51, ce qui concorde avec les résultats de Shepard et Herrara (2005) lors d'une étude réalisée sur la population Iranienne. Ceci témoigne de la fiabilité de l'usage de ces marqueurs, non pas seulement en matière d'identification des individus, mais surtout pour quantifier les affinités génétiques entre les populations humaines. En effet, la distribution des fréquences alléliques au niveau des différents loci est susceptible d'apporter des informations sur l'état d'équilibre de la population et sur les tendances évolutives de sa structure génétique. Mises dans un contexte démographique, ces informations assurent une approximation très probable de la dynamique socio-comportementale et historique de la population.

11 des 15 loci étudiés témoignent d'une population en équilibre génétique. Cependant, la distribution des fréquences alléliques des loci vWA, TH01, D2S1338 et TPOX se présente déviée de l'état d'équilibre. Les sources susceptibles mais très discutables de cette déviation sont, en effet, multiples. On peut en avancer une éventuelle dérive génétique ayant changé la distribution des fréquences alléliques de ces quatre marqueurs. Les pratiques matrimoniales dans la région pourraient impliquer une dépression quant à l'équilibre au niveau de ces quatre marqueurs. En effet, la proportion des mariages consanguins dans la région de Rabat-Salé-Zemmour-Zaer atteint 20% (Hami et al, 2007). Une des sources du déséquilibre affiché au niveau de ces deux marqueurs pourrait résider au niveau de leur définition moléculaire. En effet, un taux inapproprié de mutations est susceptible de perturber l'état d'équilibre d'un gène donné. Le mode de transmission des allèles au niveau de ces loci pourrait être une éventuelle source de plus à travers un éventuel déséquilibre de liaison.

L'échantillon des arabophones de la région de Rabat-Salé-Zemmour-Zaër présente des affinités phylogénétiques par rapport aux populations du Nord de l'Afrique, de l'Andalousie et des populations du Moyen-Orient. Les résultats publiés par Coudray (2006) sur les berbérophones et les arabophones du Maroc ratifient ce constat. Cette situation phylogénétique n'est, en effet, autre que la résultante de l'effet combiné de trois contextes majeurs : L'histoire, la géographie et la linguistique.

Les distances géographiques entre les populations influent directement sur leurs relations génétiques : les échanges sont favorisés lorsque les populations sont géographiquement proches (Cavalli-Sforza 1994, 1997). Par ailleurs, les facteurs géographiques ont une influence sur les mouvements de populations et donc sur la démographie des groupes et par conséquence, sont susceptibles d'induire des changements sur le pool génétique des populations. Un air géographique limité est, en effet, susceptible de dissoudre les barrières culturelles et socio-économiques entre les groupes qu'il délimite. Le rapprochement entre les berbérophones Nord-Africain et les arabophones de Rabat-Salé-Zemmour-Zaër constaté lors de l'analyse de la structure géolinguistique et qui confirme les résultats de Coudray (2006) s'inscrit dans ce cadre.

Or, outre les distances et les contraintes géographiques peuvent résider dans les barrières naturelles telles que le désert du Sahara qui sépare le Nord de l'Afrique du Sub-Sahara, l'Océan Atlantique qui sépare l'Afrique du continent américain et la mer méditerranée qui sépare le Nord de l'Afrique de l'Europe. Certes, le désert du Sahara et l'Océan Atlantique peuvent expliquer l'éloignement significatif des populations Nord-africaine et plus particulièrement la population arabophone de Rabat-Salé-Zemmour-Zaër, des populations subsahariennes et des populations de l'Amérique latine. De même, certains travaux (Bosch et al. 2000 ; Comas et al. 2000 ; Harich et al. 2002 ; Arredi et al. 2004, Cruciani et al. 2004) ont mis en évidence une différenciation entre les rives nord et sud de la Méditerranée, suggérant que le Détroit de Gibraltar avait agi comme une barrière aux flux géniques. Toutefois, le rapprochement constaté de la population arabophone Rabat-Salé-Zemmour-Zaër par rapport aux populations du Sud de l'Europe et du Moyen-Orient montre bien que ce genre de barrières a bien pu être franchi.

En effet, contrairement aux populations subsahariennes et latines qui en plus de l'isolation géographique, ne partagent pas d'affinités culturelles, linguistiques ou historiques avec la population arabophone de la région de Rabat-Salé-Zemmour-Zaër, celle-ci se rencontre avec les populations du Moyen-Orient dans la langue et l'histoire et avec les populations Sud-Européennes dans l'histoire. L'analyse de la structure géolinguistique a montré que le contexte linguistique neutralise l'éloignement géographique entre les populations du Moyen-Orient et les arabophones de la région de Rabat-Salé-Zemmour-Zaër. Le flux migratoire historique des arabes provenant du Proche et du Moyen-Orient et qui se

107

sont installés au Maroc méridional lors des invasions islamiques, vient consolider cette hypothèse.

Outre l'installation historique des arabes expulsés de l'Andalousie dans la région de Rabat-Salé-Zemmour-Zaër, le rapprochement constaté entre la population de cette région et le Sud de l'Europe pourrait, également, s'inscrire dans le cadre de la proximité génétique globale entre les deux rives de la méditerranée. Deux hypothèses soutenant la possibilité d'une origine historique commune à l'ensemble des populations ont été discutées (Barbujani et al, 1994 ; Myles et al, 2005).

La première hypothèse propose que cette origine date du Paléolithique Supérieur avec l'expansion d'hommes anatomiquement modernes depuis le Proche-Orient et s'étendant le long des deux rives de la Méditerranée (Ferembach 1985 ; Straus 1989). La deuxième confirme cette origine proche-orientale, mais lui donne un âge plus récent : elle aurait eu lieu au cours de la diffusion Néolithique, il y a 10.000 ans BP (Ammerman et Cavalli-Sforza 1984).

La situation phylogénétique de l'échantillon des arabophones de la région de Rabat-Salé-Zemmour-Zaër ne semble, donc, présenter aucune forme d'isolation (El Ossmani et al, 2008b). Sa proximité génétique des populations géographiquement et/ou culturellement loin témoigne d'une population historiquement ouverte. De par sa situation géopolitique et économique cette région a maintenu un échange permanent de flux migratoires qui ont assuré la diversité et le renouvellement de son substratum génétique.

I- CONCLUSIONS GENERALES

A l'issue de ce travail, nous avons pu exploiter les 15 STRs du kit Identifiler utilisés en criminalistique pour caractériser la structure génétique des arabophones de la région de Rabat-Salé-Zemmour-Zaër et apprécier son positionnement phylogénétique parmi les populations mondiales.

L'étude des paramètres médicolégaux a révélé un potentiel important des marqueurs utilisés dans la population étudiée. La marge d'erreur associée à l'utilisation de ces marqueurs dans le cadre de la discrimination et de la filiation en criminalistique est très minime. Celle-ci s'est révélée étroitement associée à l'ampleur importante du polymorphisme des 15 loci ainsi qu'à leur niveau d'hétérozygotie très élevé. Par ailleurs, les arabophones de la région de Rabat-Salé-Zemmour-Zaër semblent être en équilibre génétique sauf pour les loci vWA, TH01, D2S1338 et TPOX.

L'étude comparative a révélé une grande hétérogénéité entre les 15 marqueurs étudiés. En effet, alors que certains loci rapprochent l'échantillon des arabophones de la région de Rabat-Salé-Zemmour-Zaër d'une population, d'autres l'en éloignent. Ceci justifie l'utilisation en bloc des 15 loci lors de l'analyse. Ainsi les populations les plus distinctes génétiquement de la population de référence sont celles qui présentent des différences significatives au niveau du nombre le plus élevé de loci. L'échantillon des arabophones de Rabat-Salé-Zemmour-Zaër s'est, ainsi, présenté partie intégrante du bassin méditerranéen, mais significativement différente des populations Sub-sahariennes, des populations de l'Asie de l'Est et des populations de l'Amérique latine.

L'analyse en composante principale ainsi que l'analyse phylogénétique, effectuées sur la base des 15 loci à la fois, confirment les résultats de l'étude comparative. Ces deux analyses ont montré que seule une étude globale intégrant le maximum de populations susceptible de maintenir une affinité quelconque avec l'échantillon étudié permettra une situation phylogénétique fiable et réaliste. Ceci et bien prouvé par le repositionnement de l'échantillon des arabophones de Rabat-Salé-Zemmour-Zaër quand on est passé de l'analyse à l'échelle régionale à l'analyse à l'échelle mondiale. L'introduction des populations du Moyen-Orient a remis notre échantillon des arabophones de la région de Rabat-Salé-Zemmour-Zaër dans son contexte Nord-Africain après qu'ils étaient complètement détachés vers les populations européennes. La structure phylogénétique établie souligne une proximité de l'échantillon arabophone de la région de Rabat-Salé-Zemmour-Zaër des populations Nord-Africaines, des Andalous et des populations du Moyen-Orient. Il se présente en revanche très loin des populations Sub-sahariennes, Est-Asiatiques et Latino-Américaines. La carte génétique établie semble présenter un parallélisme évident avec la distribution géographique des populations introduites dans l'analyse.

L'étude géolinguistique rapporte une corrélation significative entre les divergences géographiques ou linguistiques et celles génétiques. Toutefois, les contextes géographique et linguistique semblent œuvrer en antagonisme évident. En effet, la langue rapproche les groupes géographiquement différents tout comme l'unité géographique homogénéise les groupes ressortissants de contextes linguistiques différents. L'échantillon arabophone de la région de Rabat-Salé-Zemmour-Zaër ne présente, ainsi, aucun éloignement significatif des berbères Nord-Africains, mais aussi aucune discontinuité génétique par rapport aux populations du Moyen-Orient. Finalement, les trais culturelles, historiques et géographiques font l'encre de la plume qui dessine les barrières génétiques.

II- PERSPECTIVES

Loin d'être achevé, les résultats de ce travail ouvrent de nouvelles visions pour la caractérisation anthropogénétiques des sous populations marocaines. Il nécessite d'être complété sur trois volets :

* Biologie moléculaire : Etude moléculaire plus approfondies visant l'explication du déséquilibre génétique observé au niveau des loci vWa, TH01, TPOX et D2S1338 dans l'échantillon des arabophones de la région de Rabat-Salé-Zemmour-Zaër. La comparaison de la description moléculaire de ces loci par rapport à ceux des autres loci (Taux de mutation, déséquilibre de liaison, ségrégation..) est en effet susceptible d'élucider cette déviation.

* Génétique des populations : Elargir l'étude à l'échelle d'autres populations marocaines pour mieux définir la diversité au sein du substratum génétique chez la population marocaine globale et apprécier les affinités phylogénétiques internes et externes des différents groupes composant son pool génétique. Ceci servira à confirmer sinon à corriger et à compléter les

résultats précédemment générés sur ces populations en termes de consanguinité, d'endogamie, groupes sanguins, séquences Alu...

* Criminalistique : Etablir une base de données contenant le maximum de profiles génétiques présents dans les sous-populations marocaines et estimer les paramètres médicolégaux relatif à chaque groupe populationnel à fin de définir les limites de l'utilisation des 15 STRs dans la criminalistique.

Abdin, L., Shimada, I., Brinkman, B. and Hohoff, C., Analysis of 15 short tandem repeats reveals significant differences between the Arabian populations from Morocco and Syria. Leg. Med. 2003;(5):150-155.

Akane A, Seki S, Shiono H, Nakamura H, Hasegawa M, Kagawa M ,. MATSUBARA K., NAKAHORI Y. ; NAGAFUCHI S. and NAKAGOME Y. ;. Sex determination of forensic samples by dual PCR amplification of an X-Y homologous gene. Forensic Sci. Int. 1992;52(2):143-8.

Alshamali, F., Alkhayat, A.Q., Budowle, B. and Watson, N.D., STR population diversity in nine ethnic populations living in Dubai. Forensic Sci Int 2005;152(2-3):267-279.

Alves, C., Gusmao, L., Damasceno, A., Soares, B., and Amorim, A., Contribution for an African autosomic STR database (AmpF/STR Identifiler and Powerplex 16 System) and a report on genotypic variations. Forensic Sci Int 2004;139(2-3):201-205.

Alves, C., Gusmao, L., Ana Lopez-Parra M., Soledad Mesa, M., Antonio Amorim, A. and Arroyo-Pardob, E., STR allelic frequencies for an African population sample (Equatorial Guinea) using AmpFlSTR Identifiler and Powerplex 16 kits Forensic Science International 2005 ;148: 239–242.

Amarger V., Gauguier D., Yerle M., Apiou F., Pinton P. and Giraudeau F. Analysis of distribution in the human, pig, and rat genomes points toward a general subtelomeric origin of minisatellite structures. Genomics 1998;52(1):62-71.

Ammerman, A.J. and Cavalli-Sforza, L.L., The Neolithic Transition and the Genetics of Populations in Europe. Princeton University Press, 1984. Princeton, NJ.

Anderson S, Bankier AT, Barrell BG, de Bruijn MH, Coulson AR, Drouin J, Eperon IC, Nierlich DP, Roe BA, Sanger F, Schreier PH, Smith AJ, Staden R, and Young IG. Sequence and organization of the human mitochondrial genome. Nature. 1981. 290(5806): 457- 465.

Andrews RM, Kubacka I, Chinnery PF, Lightowlers RN, Turnbull DM, Howell N. Reanalysis and revision of the Cambridge reference sequence for human mitochondrial DNA. Nat Genet. 1999. 23(2): 147.

Applied Biosystems. AmpF/STR Identifiler PCR amplification kit user's manual. 2001. Forster City, California: Applied Biosystems.

Applied Biosystems. AmpF/STR Identifiler PCR amplification kit user's manual. 2003. Forster City, California: Applied Biosystems.

Arredi B, Poloni ES, Paracchini S, Zerjal T, Fathallah DM, Makrelouf M, Pascali VL, Novelletto A, Tyler-Smith C. A predominantly neolithic origin for Y-chromosomal DNA variation in North Africa. Am J Hum Genet. 2004. 75(2): 338-345.

Asicioglu F, Oguz-Savran F, Ozbek U. Mutation rate at commonly used forensic STR loci: paternity testing experience. Dis; Markers. 2004;20(6):313-5.

Ayub Q, Mohyuddin A, Qamar R, Mazhar K, Zerjal T, Mehdi SQ, Tyler-Smith C. Identification and characterisation of novel human Y-chromosomal microsatellites from sequence database information. Nucleic Acids Res. 2000;28(2):e8.

Ayub Q, Mansoor A, Ismail M, Khaliq S, Mohyuddin A, Hameed A, Mazhar K, Rehman S, Siddiqi S, Papaioannou M, Piazza A, Cavalli-Sforza LL, and Mehdi SQ. Reconstruction of human evolutionary tree using polymorphic autosomal microsatellites. Am J Phys Anthropol. 2003. 122(3): 259-268.

Barbujani G, Pilastro A, De Domenico S, Renfrew C. Genetic variation in North Africa and Eurasia: Neolithic demic diffusion vs. Palaeolithic colonisation. Am J Phys Anthropol. 1994. 95(2): 137-154.

Barni, F., Berti, A., Pianese, A., Boccellino, A., Miller, M.P., Caperna, A. et Lago, G., Allele frequencies of 15 autosomal STR loci in the Iraq population with comparisons to other populations from the middle-eastern region. Forensic Sci. Int. 2007. 167, 87–92.

Beckman JS, Weber JL. Survey of human and rat microsatellites. Genomics 1992;12(4):627- 631.

Beleza, S., Alves, C., Reis, F., Amorim, A., Carracedo, A. et Gusmao, L., 17 STR data (AmpF/STR Identifiler and Powerplex 16 System) from Cabinda (Angola). Forensic Sci Int. 2004. 141(2-3), 193-196.

Bernal, LP., Borjas, L., Zabala, W., Portillo, MG., Fernandez, E., Delgado, W., Tovar, F., Lander, N., Chiurillo, MA., Ramirez, JL. and Garcia, O., Genetic variation of 15 STR autosomal loci in the Maracaibo population from Venezuela, Forensic Sci Int. 2006. 161(1) 60-63.

Boerwinkle E., Xiong WJ., Fourest E. and Chan L. Rapid typing of tandemly repeated hypervariable loci by the polymerase chain reaction: application to the apolipoprotein B 3' hypervariable region. Proc. Natl. Acad. Sci. USA 1989;86(1):212-216.

Bosch E., Clarimon J., Perez-Lezaun A. and Calafell F. STR data for 21 loci in northwestern Africa. Forensic Sci Int. 2001. 116(1): 41-51.

Botstein D., White RL., Skolnick M. and Davis RW. Construction of a genetic linkage map in man using restriction fragment length polymorphisms. Am. J. Hum. Genet.1980;32(3):314–331.

Bouabdellah M, Ouenzar F, Aboukhalid R, Elmzibri M, Squalli D, Amzazi S. STR data for the 15 AmpFlSTR Identifiler loci in the Moroccan population, Forensic Sci Int: Genetics, 2008;1(1):306-308

Bowcock AM., Ruiz-Linares A., Tomfohrde J., Minch E. and Kidd JR. Cavalli-Sforza LL. High resolution of human evolutionary trees with polymorphic microsatellites. Nature. 1994. 368(6470): 455-457.

Brandon MC, Lott MT, Nguyen KC, Spolim S, Navathe SB, Baldi P, Wallace DC. MITOMAP: a human mitochondrial genome database-2004 update. Nucleic Acids Res. 2005;33 Database Issue:D611-613.

Brenner CH, Weir BS. Issues and strategies in the DNA identification of World Trade Center victims. Theor. Popul. Biol. 2003;63(3):173-178.

Brinkmann B, Klintschar M, Neuhuber F, Huhne J, and Rolf B. Mutation rate in human microsatellites: influence of the structure and length of the tandem repeat. Am. J. Hum. Genet. 1998;62(6):1408-1415.

Budowle B, Wilson MR, DiZinno JA, Stauffer C, Fasano MA, Holland MM, and Monson KL. Mitochondrial DNA regions HVI and HVII population data. Forensic Sci. Int.1999;103(1):23 35.

Budowle B, Allard MW, Wilson MR, and Chakraborty R. Forensics and mitochondrial DNA: applications, debates, and foundations. Annu. Rev. Genomics Hum. Genet. 2003;4:119-141.

Butler JM, Levin BC. Forensic applications of mitochondrial DNA. Trends Biotechnol. 1998;16(4):158-162.

Calafell, F., Perez-Lezaun, A. and Bertranpetit, J., Genetic distances and microsatellite diversification in humans. Hum Genet. 2000. 106(1): 133-134.

Camacho MV, Benito C, and Figueiras AM. Allelic frequencies of the 15 STR loci includedin the AmpFlSTR1 IdentifilerTM PCR Amplification Kitin an autochthonous sample from Spain Forensic Sci Int 2007; 173 (2-3): 241-245.

Carvalho CM, Fujisawa M, Shirakawa T, Gotoh A, Kamidono S, Freitas Paulo T and , Santos SE, Rocha J, Pena SD, and Santos FR. Lack of association between Y chromosome haplogroups and male infertility in Japanese men. Am. J. Med. Genet. A 2003;116(2):152-158.

Cavalli-Sforza LL, Menozzi P, and Piazza A. The history and geography of human genes. 1994. Princeton University Press, Princeton.

Cavalli-Sforza LL. Genes, peoples and languages. PNAS. 1997. 94(15): 7719-7724.

Chafik, A. et El Ossmani, H. 2003. Etude du polymorphisme des marqueurs des systèmes sanguins chez la population arabophone du plateau de Beni Mellal. First International Congress of Biological and Cultural Anthropology, Monastir, Tunisia, pp. 45.

Coble MD, Just RS, O'Callaghan JE, Letmanyi IH, Peterson CT, Irwin JA, and Parsons TJ. Single nucleotide polymorphisms over the entire mtDNA genome that increase the power of forensic testing in Caucasians. Int. J. Legal Med. 2004; 118(3):137-146.

Cohen D, Chumakov I, and Weissenbach J. A first generation physical map of the human genome. Nature. 1993. 336(6456): 698-701.

Comas D, Plaza S, Wells RS, Yuldaseva N, Lao O, Calafell F, and Bertranpetit J. Admixture, migrations, and dispersals in Central Asia: evidence from maternal DNA lineages. Eur. J. Hum. Genet. 2004 Jun;12(6):495-504.

Conner BJ, Reyes AA, Morin C, Itakura K, Teplitz RL, and Wallace RB. Detection of sickle cell beta S-globin allele by hybridization with synthetic oligonucleotides. Proc. Natl. Acad. Sci. USA 1983;80(1):278-82.

Coudray C., Histoire génétique et évolution des populations berbérophones nord-africaines, Thèse de Doctorat, Centre d'Anthropologie, Université Toulouse III-Paul Sabatier. 2006.

Coudray, C., Guitard, E., Keyser-Tracqui, C., Melhaoui, M., Cherkaoui, M., Larrouy, G. and Dugoujon, J.M., Population genetic data of 15 tetrameric short tandem repeats (STRs) in Berbers from Morocco, Forensic Sci. Int. 2007a. 167, 81-86.

Coudray, C., Calderon, R., Guitard, E., Ambrosio, B., Gonzalez-Martın, A. and Dugoujon, JM., Allele frequencies of 15 tetrameric short tandem repeats (STRs) in Andalusians from Huelva (Spain), Forensic Sci. Int. 2007b. 168, 21–24.

Coudray, C, Guitard, E., El-Chennawi, F., Larrouy, G., and Dugoujon, J.M., Allele frequencies of 15 short tandem repeats (STRs) in three Egyptian populations of different ethnic groups, Forensic Sci. Int. 2007. 169, 260-265.

Crow JF, Kimura M. An Introduction to Population Genetics Theory. 1970. Harper and Row, New York, Evanston and London.

Crubézy E, Braga J, and Larrouy G. Anthropobiologie. 2002. Masson, Abrégé, Paris.

Cruciani F, La Fratta R, Santolamazza P, Sellitto D, Pascone R, Moral P, Watson E, Guida V, Colomb EB, Zaharova B, Lavinha J, Vona G, Aman R, Cali F, Akar N, Richards M, Torroni A, Novelletto A, and Scozzari R. Phylogeographic analysis of haplogroup E3b (EM215) y chromosomes reveals multiple migratory events within and out of Africa. Am J Hum Genet. 2004. 74(5): 1014-1022.

Darwin C. The Origin of Species by Means of Natural Selection. 1859. John Murray, London.

Debénath, A., Raynal, J.-P., Roche, J., Texier, P.-J. et Ferembach, D. - « Stratigraphie, habitat, typologie et devenir de l'Atérien marocain : données récentes », L'Anthropologie, 1986 t. 90, n° 2, pp. 233-246.

Debénath, A. Le peuplement préhistorique du Maroc: Données récentes et problèmes. L'Anthropologie, 2000. 104(1), 131–145.

Debénath A. Le Paléolithique supérieur du Maghreb. Praehistoria, Budapest, 2002, 3 : 259-280.

Decorte, R., Engelen, M., Larno, L., Nelissen, K., Gilissen, A. and Cassiman, JJ., Belgian population data for 15 STR loci (AmpFlSTR SGM Plus and AmpFlSTR profiler PCR amplification kit), Forensic Sci Int. 2004. 139 (2-3), 211-213.

Dettlaff-Kakol A, Pawlowski R. First Polish DNA "manhunt"-an application of Ychromosome STRs. Int. J. Legal Med. 2002;116(5):289-291.

Dios S, Luis JR, Carril JC, Caeiro B. Sub-Saharan genetic contribution in Morocco: microsatellite DNA analysis. Hum Biol. 2001. 73(5): 675-688.

Di Rienzo A, Peterson AC, Garza JC, Valdes AM, Slatkin M, Freimer NB. Mutational processes of simple-sequence repeat loci in human populations. Proc Natl Acad Sci USA. 1994. 91(8): 3166-3170.

Divne AM, Allen M. A DNA microarray system for forensic SNP analysis. Forensic Sci. Int. 2005;154(2-3):111-121.

Dobashi Y, Kido A, Fujitani N, Hara M, Susukida R, Oya M. STR data for the AmpFLSTR Identifiler loci in Bangladeshi and Indonesian populations. Leg Med (Tokyo). 2005. 7(4): 222-226.

Edwards A, Hammond HA, Jin L, Caskey CT, Chakraborty R. Genetic variation at five trimeric and tetrameric tandem repeat loci in four human population groups. Genomics. 1992. 12(2): 241-253.

Eisen JA. Mechanistic basis for microsatellite instability. 1999. In: Goldstein et Schlötterer (Eds.) Microsatellites. Evolution and applications. Oxford University Press. pp 35-48.

El Ossmani, H., Bouchrif, B., Talbi, J., El Amri, H. et Chafik, A., La diversité génétique de 15 STR chez la population arabophone de Rabat-Salé-Zemmour-Zaer, Antropo 2007. 15, 55-62. www.didac.ehu.es/antropo

El Ossmani H, Bouchrif B, Glouib K, Zaoui D, El Amri H et Chafik A, Etude du polymorphisme des groupes sanguins, (ABO, Ss, Rhésus et Duffy) chez la population arabophone du plateau de Beni Mellal. 2008a, Lebanes Sciences Journal . 9, 17-28.

El Ossmani, H., Talbi, J., Bouchrif, B., Chafik, A. Exploitation de 15 STRs autosomaux pour l'étude phylogénétique de la population Arabophone de Rabat-Salé-Zemmour-Zaer (Maroc), Antropo 2008b, 17, 15-23. www.didac.ehu.es/antropo

Esteban E, Rodon N, Via M, Gonzalez-Perez E, Santamaria J, Dugoujon JM, El Chennawi F, Melhaoui M, Cherkaoui M, Vona G, Harich N, Moral P. Androgen receptor CAG and GGC polymorphisms in Mediterraneans: repeat dynamics and population relationships. J Hum Genet. 2006. 51(2): 129-136.

Excoffier L, Smouse PE, Quattro JM. Analysis of molecular variance inferred from metric distances among DNA haplotypes: application to human mitochondrial DNA restriction data. Genetics. 1992. 131(2): 479-491.

Excoffier L, Laval G, Schneider S. Arlequin ver. 3.1: An integrated software package for population genetics data analysis, Evolutionary Bioinformatics Online 2005; 1: 47-50.

Felsenstein J. PHYLIP (Phylogeny Inference Package), version 3.67. 2007. Department of Genetics, University of Washington, Seattle, Washington. Le programme est téléchargeable à l'adresse internet : http://evolution.genetics.washington.edu/phylip.html.

Ferembach D. On the origin of the Iberomaurusians. A new hypothesis. J Hum Evol. 1985. 14: 393-397.

Foster EA, Jobling MA, Taylor PG, Donnelly P, de Knijff P, Mieremet R et al. Jefferson fathered slave's last child. Nature 1998;396(6706):27-28.

Fung WK, Chung YK, Wong DM. Power of exclusion revisited: probability of excluding relatives of the true father from paternity. Int J Legal Med. 2002. 116(2): 64-67.

Gill P, Jeffreys A J, Werrett DJ. Forensic application of DNA 'fingerprints'. Nature 1985;318:577–579.

Giusti A, Baird M, Pasquale S, Balazs I, Glassberg J. Application of deoxyribonucleic acid (DNA) polymorphisms to the analysis of DNA recovered from sperm. J. Forensic Sci. 1986;31(2):409-417.

Goldstein DB, Ruiz Linares A, Cavalli-Sforza LL, Feldman MW. Genetic absolute dating based on microsatellites and the origin of modern humans. Proc Natl Acad Sci USA. 1995. 92(15): 6723-6727.

Goldstein DB, Pollock DD. Launching microsatellites: a review of mutation processes and methods of phylogenetic interference. J Hered. 1997. 88(5): 335-342

Gorostiza, A., Gonzalez-Martın, A., Lopez Ramırez, C., Sanchez, C., Barrot, C., Ortega, M., Huguet, E., Corbella, J. et Gené, M., Allele frequencies of the 15 AmpF/Str Identifiler loci in the population of Metztitla´n (Estado de Hidalgo), México Forensic Sci. Int. 2007. 166, 230–232.

Grzybowski T, Malyarchuk BA, Czarny J, Miscicka-Sliwka D, Kotzbach R. High levels of mitochondrial DNA heteroplasmy in single hair roots: reanalysis and revision. Electrophoresis 2003;24(7-8):1159-1165.

Hami, H., Soulaymani, A. et Mokhtari, A. Traditions matrimoniales dans la région de Rabat-Salé-Zemmour-Zaer au Maroc, Bulletins et Mémoires de la Société d'Anthropologie de Paris, 2007 19, 1-2.

Hammer MF. A recent insertion of an alu element on the Y chromosome is a useful marker for human population studies. Mol. Biol. Evol. 1994;11(5):749-761.

Hardy GH. Mendelian proportions in a mixed population. Science. 1908. 28: 49-50.

Harich, N., Esteban, E., Chafik, A., Lopez-Alomar, A., Vona, G. et Moral, P. Classical polymorphisms in Berbers from Money Atlas (Morocco): genetics, geography and historical evidence in the Mediterranean peoples. Ann. Hum. Biol., 2002 :29 : 473-487

Harris H, Hopkinson DA. Handbook of enzyme electrophoresis in human genetics. North-Holland Pub. Co., Amsterdam / New York, 1976.

Hauge XY, Litt M. A study of the origin of 'shadow bands' seen when typing dinucleotide repeat polymorphisms by the PCR. Hum. Mol. Genet. 1993;2(4):411-415.

Hauswirth WW, Dickel CD, Rowold DJ, Hauswirth MA. Inter- and intrapopulation studies of ancient humans. Experientia. 1994;50(6): 585-591.

Havas, D., Jeran, N., Efremovska, L., Đorpevic, D. et Rudan, P., Population genetics of 15 AmpflSTR Identifiler loci in Macedonians and Macedonian Romani (Gypsy), Forensic Sci. Int. 2007;173 (2-3), 220-224.

Helmuth R, Fildes N, Blake E, Luce MC, Chimera J, Madej R et al. HLA-DQ alpha allele and genotype frequencies in various human populations, determined by using enzymatic amplification and oligonucleotide probes. Am. J. Hum. Genet. 1990;47(3):515-523.

Henke L, Henke J. Mutation rate in human microsatellites. Am J Hum Genet. 1999;64(5): 1473-1474.

Heyer E, Tremblay M. Variability of the genetic contribution of Quebec population founders associated to some deleterious genes. Am J Hum Genet. 1995;56(4): 970-978.

Hima Bindu, G., Trivedi, R. et Kashyap V.K., Allele frequency distribution based on 17 STR markers in three major Dravidian linguistic populations of Andhra Pradesh, India Forensic Sci. Int. 2007;17, 76–85.

Holland MM, Parsons TJ. Mitochondrial DNA sequence analysis - validation and use for forensic casework. Forensic Sci. Rev. 1999;11: 21–49.

Hublin J.J., Tillier. A.M., Tixier.J. The juvenile humerus (homo 4) of the jebel Irhoud cave (Morocco) in his archeological context, 1987, Bulletins et mémoires de la Société d'anthropologie de Paris vol. 4, no2, pp. 115-142 (4 p.)

Ivanov PL, Wadhams MJ, Roby RK, Holland MM, Weedn VW, Parsons TJ. Mitochondrial DNA sequence heteroplasmy in the Grand Duke of Russia Georgij Romanov establishes the authenticity of the remains of Tsar Nicholas II. Nat. Genet. 1996;12(4):417-420.

Jauffrit A, El Amri H, Airaud F, Andre MT, Herbert O, Landeau-Trottier G, Giraudet S, Richard C, Chaventre A, Moisan JP. DNA short tandem repeat profiling of Morocco. J Forensic Sci. 2003. 48(2): 458-459.

Jeffreys AJ, Wilson V, Thein SL. Hypervariable'minisatellite' regions in human DNA. Nature 1985a;314:67–73.

Jeffreys AJ, Wilson V, Thein SL. Individual-specific 'fingerprints' of human DNA. Nature 1985b;316:76–79.

Jeffreys AJ, Brookfield JF, Semeonoff R. Positive identification of an immigration test-case using human DNA fingerprints. Nature 1985c;317(6040):818-819.

Jeffreys AJ, Wilson V, Thein SL, Weatherall DJ, Ponder BA. DNA "fingerprints" and segregation analysis of multiple markers in human pedigrees. Am. J. Hum. Genet. 1986;39(1):11-24.

Jeffreys AJ, Wilson V, Neumann R, Keyte J. Amplification of human minisatellites by the polymerase chain reaction: towards DNA fingerprinting of single cells. Nucleic Acids Res. 1988;16(23):10953-10971.

Jeffreys AJ, Turner M, Debenham P. The efficiency of multilocus DNA fingerprint probes for individualization and establishment of family relationships, determined from extensive casework. Am. J. Hum. Genet. 1991;48(5):824-840.

Jeffreys A., Tamaki K., MacLeod A., Monckton D.G., Neil D.L., Armour J.A.L., Complex gene conversion events in germline mutation at human microsatellites. Nature Genetics, 1994. 6, 136-145

Jeffreys AJ, Murray J, Neumann R. High-resolution mapping of crossovers in human sperm defines a minisatellite-associated recombination hotspot. Mol. Cell. 1998;2(2):267-273.

Jobling MA, Pandya A, Tyler-Smith C. The Y chromosome in forensic analysis and paternity testing. Int. J. Legal Med. 1997;110(3):118-124.

Jobling MA. In the name of the father: surnames and genetics. Trends Genet. 2001;17(6):353-357.

Jones DA. Blood samples: probability of discrimination. J Forensic Sci Soc. 1972. 12(2): 355-359.

Jorde LB, Rogers AR, Bamshad M, Watkins WS, Krakowiak P, Sung S, Kere J, Harpending HC. Microsatellite diversity and the demographic history of modern humans. Proc Natl Acad Sci U S A. 1997. 94(7): 3100-3103.

Kandil, M. 1999. Etude anthropogénétique de la population arabe du Maroc méridional (Abda, Chaouia, Doukkala et Tadla). Thèse d'Etat, Université Chouaïb Doukkali. El Jadida, Maroc.

Kanter E, Baird M, Shaler R, Balazs I. Analysis of restriction fragment length polymorphisms in deoxyribonucleic acid (DNA) recovered from dried bloodstains. J. Forensic Sci. 1986;31(2):403-408.

Kayser M, Caglià A, Corach D, Fretwell N, Gehrig C, Graziosi G et al. Evaluation of Ychromosomal STRs: a multicenter study. Int. J. Legal Med. 1997;110(3):125-33, 141-149.

Kayser M, Roewer L, Hedman M, Henke L, Henke J, Brauer S et al. Characteristics and frequency of germline mutations at microsatellite loci from the human Y chromosome, as revealed by direct observation in father/son pairs. Am. J. Hum. Genet. 2000;66(5):1580-1588.

Kayser M, Sajantila A. Mutations at Y-STR loci: implications for paternity testing and forensic analysis. Forensic Sci. Int. 2001;118(2-3):116-121.

Ke Y, Su B, Song X, Lu D, Chen L, Li H et al. African origin of modern humans in East Asia: a tale of 12,000 Y chromosomes. Science 2001;292(5519):1151-1153.

Kéfi R, Stevanovitch A, Bouzaid E, Béraud-Colomb E. Diversité mitochondriale de la population de Taforalt (12.000 ans BP – Maroc): une approche génétique à l'étude du peuplement de l'Afrique du Nord. Anthropologie. 2005. 43: 1-11.

Keyser-Tracqui C, Crubezy E, Ludes B. Nuclear and mitochondrial DNA analysis of a 2,000- year-old necropolis in the Egyin Gol Valley of Mongolia. Am. J. Hum. Genet. 2003;73(2):247-260.

Keyser-Tracqui C, Crubezy E, Pamzsav H, Varga T, Ludes B. Population origins in Mongolia: Genetic structure analysis of ancient and modern DNA. Am J Phys Anthropol. 2006. 131(2): 272-281.

Kim, YL., Hwang, JY., Kim, YJ., Lee, S., Chung, NG., Goh, HG., Kim, CC. et Kim, DW., Allele frequencies of 15 STR loci using AmpF/STR Identifiler kit in a Korean population. Forensic Sci. Int. 2003;136, 92–95.

Kimura M, Crow JF. The number of alleles that can be maintained in a finite population. Genetics. 1964;49: 725-738

Kimura M, Ohta T. Stepwise mutation model and distribution of allelic frequencies in a finite population. Proc Natl Acad Sci USA. 1978;75: 2868-2872.

Kimura M. The Neutral theory of Molecular Evolution. 1983. Cambridge, Cambridge University Press.

Kogelnik AM, Lott MT, Brown MD, Navathe SB, Wallace DC. MITOMAP: a human mitochondrial genome database. Nucleic Acids Res. 1996;24(1):177-179.

Koyama H, Iwasa M, Tsuchimochi T, Maeno Y, Isobe I, Matsumoto T, Nagao M. Utility of Y-STR haplotype and mtDNA sequence in personal identification of human remains. Am. J. Forensic Med. Pathol. 2002;23(2):181-185.

Lacombe, J. P., Anthropologie du Néolithique marocain. La nécropole de Skhirat: approche chronogéographique des dysplasies pariétales. Antropo, 2004, 7, 155-162. www.didac.ehu.es/antropo

Lander ES, Linton LM, Birren B, Nusbaum C, Zody MC, Baldwin J, Devon K, et al. Initial sequencing and analysis of the human genome. Nature. 2001. 409(6822): 860-921.

Landsteiner K. Zur Kenntnis der antifermentativen, lytischen und agglutinierenden Wirkungen des Blutserums und der Lymphe. Zbl Bakt 1900;27:357–362

La Spada AR, Wilson EM, Lubahn DB, Harding AE, Fischbeck KH. Androgen receptor gene mutations in X-linked spinal and bulbar muscular atrophy. Nature. 1991. 352(6330): 77-79.

Lazaruk K, Wallin J, Holt C, Nguyen T, Walsh PS. Sequence variation in humans and other primates at six short tandem repeat loci used in forensic identity testing. Forensic Sci.Int. 2001;119(1):1-10.

Leopoldino AM, Pena SD. The mutational spectrum of human autosomal tetranucleotide microsatellites. Hum. Mutat. 2003;21(1):71-79.

Levinson G, Gutman GA. Slipped-strand misairing: a major mechanism for DNA sequence evolution. Mol Biol Evol. 1987. 4(3): 203-221.

Litt M, Luty JA. A hypervariable microsatellite revealed by in vitro amplification of a dinucleotide repeat within the cardiac muscle actin gene. Am J Hum Genet. 1989. 44(3): 397-401.

Litt M, Hauge X, Sharma V. Shadow bands seen when typing polymorphic dinucleotide repeats: some causes and cures. Biotechniques 1993;15(2):280-284.

Ludes B, Mangin P. Les empreintes génétiques en médecine légale (Coll. G2). Editions Médicales Internationales. 1992

Maruyama H, Nakamura S, Matsuyama Z, Sakai T, Doyu M, Sobue G, Seto M, Tsujihata M, Oh-i T, Nishio T, Sunohara N, Takahashi R, Hayashi M, Nishino I, Ohtake T, Oda T, Nishimura M, Saida T, Matsumoto H, Baba M, Kawaguchi Y, Kakizuka A, Kawakami H. Molecular features of the CAG repeats and clinical manifestation of Machado-Joseph disease. Hum Molec Genet. 1995. 4(5): 807-812.

Mountain JL, Cavalli-Sforza LL. Multilocus genotypes, a tree of individuals, and human evolutionary history. Am J Hum Genet. 1997. 61(3): 705-718.

Mourant AE, Kopec AC, Domaniewska–Sobczak K. The distribution of the human blood groups and other polymorphisms;Oxford Univ. Press, London. 1976.

Mulley JC, Gedeon AK, White SJ, Haan EA, Richards RI. Predictive diagnosis of myotonic dystrophy with flanking microsatellite markers. J Med Genet. 1991. 28(7): 448-452.

Mullis K, Faloona F, Scharf S, Saiki R, Horn G, Erlich H. Specific enzymatic amplification of DNA in vitro: the polymerase chain reaction. Cold Spring Harb Symp Quant Biol. 1986. 51(Pt1): 263-273.

Myles S, Bouzekri N, Haverfield E, Cherkaoui M, Dugoujon JM, Ward R. Genetic evidence in support of a shared European-North African dairying origin. Hum Genet. 2005.

117(1): 34-42.

Nakahori Y, Takenaka O, Nakagome Y. A human X-Y homologous region encodes "amelogenin". Genomics 1991a;9(2):264-269.

Nakahori Y, Hamano K, Iwaya M, Nakagome Y. Sex identification by polymerase chain reaction using X-Y homologous primer. Am. J. Med. Genet. 1991b;39(4):472-473.

Nakamura Y, Leppert M, O'Connell P, Wolff R, Holm T, Culver M et al. Variable number of tandem repeat (VNTR) markers for human gene mapping. Science 1987;235(4796):1616-1622.

Nakamura Y, Carlson M, Krapcho K, Kanamori M, White R. New approach for isolation of VNTR markers. Am. J. Hum. Genet. 1988;43(6):854-859.

Niederstatter H, Coble MD, Grubwieser P, Parsons TJ, Parson W. Characterization of mtDNA SNP typing and mixture ratio assessment with simultaneous real-time PCR quantification of both allelic states. Int. J. Legal Med. 2005.

Nirenberg M.W. et al., Approximation of genetic code via cell-free protein synthesis directed by template RNA. Fed. Proc. 22 (1963), pp. 55–61

Ohno Y, Sebetan IM, Akaishi S. A simple method for calculating the probability of excluding paternity with any number of codominant alleles. Forensic Sci Int. 1982. 19(1): 93-98.

Oota H, Saitou N, Matsushita T, Ueda S. A genetic study of 2,000-year-old human remains from Japan using mitochondrial DNA sequences. Am. J. Phys. Anthropol. 1995;98(2):133-145.

Parson W, Niederstätter H, Brandstätter A, Berger B. Improved specificity of Y-STR typing in DNA mixture samples. Int. J. Legal Med. 2003;117:109–114.

Parson W, Brandstatter A, Alonso A, Brandt N, Brinkmann B, Carracedo A et al. The EDNAP mitochondrial DNA population database (EMPOP) collaborative exercises: organisation, results and perspectives. Forensic Sci. Int. 2004;139(2-3):215-226.
Pascal O. Empreintes génétiques : pourquoi et pour qui ? Med. et Droit 1998;32:1-6.

Perez-Lezaun A, Calafell F, Mateu E, Comas D, Ruiz-Pacheco R, Bertranpetit J. Microsatellite variation and the differentiation of modern humans. Hum Genet. 1997. 99(1): 1-7.

Pérez-Lezaun A, Calafell F, Clarimón J, Bosch E, Mateu E, Gusmao L, Amorim A, Benchemsi N, Bertranpetit J. Allele frequencies of 13 short tandem repeats in population samples from the Iberian Peninsula and Northern Africa. Int J Legal Med. 2000. 113(4): 208-214.

Rebała, K., Wysocka, J., Kapinska, E., Cybulska, L., Mikulich, A.I., Tsybovsky, I.S., et Szczerkowska, Z., Belarusian population genetic database for 15 autosomal STR loci, Forensic Sci. Int. 2007;173 (2-3), 235-237.

Regueiro, M,. Carril, J.C., Pontes, M.L., Pinheiro, M.F., Luis, J.R., et Caeiro, B., Allele distribution of 15 PCR-based loci in the Rwanda Tutsi population by multiplex amplification and capillary electrophoresis. Forensic Sci Int. 2004;143(1), 61-63.

Relethford JH, Jorde LB. Genetic evidence for larger African population size during recent human evolution. Am J Phys Anthropol. 1999. 108(3): 251-260.

Rerkamnuaychoke, B., Rinthachai, T., Shotivaranon, J., Jomsawat, U., Siriboonpiputtana, T., Chaiatchanarat, K., Pasomsub, E. et Chantratita, W., Thai population data on 15 tetrameric STR loci-D8S1179 D21S11 D7S820 CSF1PO D3S1358 TH01 D13S317 D16S539 D2S1338 D19S433 vWA TPOX D18S51 D5S818 and FGA. Forensic Sci. Int. 2006;158(2-3), 234-237.

Reynolds J, Weir BS, Cockerham CC. Estimation of the coancestry coefficient: basis for a short-term genetic distance. Genetics. 1983. 105: 767-779.

Ricaut FX, Fedoseeva A, Keyser-Tracqui C, Crubezy E, Ludes B. Ancient DNA analysis of human neolithic remains found in northeastern Siberia. Am J Phys Anthropol. 2005. 126(4): 458-462.

Ricaut FX, Kolodesnikov S, Keyser-Tracqui C, Alekseev AN, Crubezy E, Ludes B. Molecular genetic analysis of 400-year-old human remains found in two Yakut burial sites. Am J Phys Anthropol. 2006. 129(1): 55-63.

Richards M, Macaulay V. The mitochondrial gene tree comes of age. Am. J. Hum. Genet. 2001;68(6):1315-1320.

Rodrıguez, A., Arrieta, G., Sanou, I., Vargas, M.C., Garcıa, O., Yurrebaso, I., Pérez, J.A., Villalta, M. et Espinoza, M., Population genetic data for 18 STR loci in Costa Rica, Forensic Sci. Int. 2007;168, 85–88.
Roewer L, Epplen JT. Rapid and sensitive typing of forensic stains by PCR amplification of polymorphic simple repeatsequences in case work. Forensic Sci. Int. 1992; 53:163.

Roewer L, Krawczak M, Willuweit S, Nagy M, Alves C, Amorim A et al. Online reference database of European Y-chromosomal short tandem repeat (STR) haplotypes. Forensic Sci. Int. 2001;118(2-3):106-113.

Rolf B, Keil W, Brinkmann B, Roewer L, Fimmers R. Paternity testing using Y-STR haplotypes: assigning a probability for paternity in cases of mutations. Int. J. Legal Med. 2001;115(1):12-15.

Rosenberg, NA., Pritchard, JK., Weber, JL., Cann, HM., Kidd, KK., Zhivotovsky, LA. et Feldman, MW., Genetic structure of human populations. Science. 2002;298 (5602), 2381-2385.

Royle NJ, Clarkson RE, Wong Z, Jeffreys AJ. Clustering of hypervariable minisatellites in the proterminal regions of human autosomes. Genomics. 1988;3(4):352-360.

Sabir B., Cherkaoui M., Baali A., Hachri H., Lemaire O., Dugoujon J.M., 2004, Les dermatoglyphes digitaux et les groupes sanguins ABO, Rhésus et Kell dans une population Berbère du Haut Atlas de Marrakech. Antropo, 7, 211-221. www.didac.ehu.es/antropo

Saiki RK, Bugawan TL, Horn GT, Mullis KB, Erlich HA. Analysis of enzymatically amplified beta-globin and HLA-DQ alpha DNA with allele-specific oligonucleotide probes. Nature 1986;324(6093):163-166.

Saitou N, Nei M. The neighbor-joining method: a new method for reconstructing phylogenetic trees. Mol Biol Evol. 1987. 4: 406-425.

Sambrook J, Russell DW. Molecular Cloning : A Laboratory Manual, third ed., Cold Spring Harbor Laboratory Press, Cold Spring Harbor, NY, USA, 2001.

Santos FR, Epplen JT, Pena SD. Testing deficiency paternity cases with a Y-linked tetranucleotide repeat polymorphism. EXS 1993;67:261-265.

Schlotter C, Tautz D. Slippage synthesis of simple sequence DNA. Nucleic Acid Res. 1992. 20: 211-215.

Schultes T, Hummel S, Herrmann B. Amplification of Y-chromosomal STRs from ancient skeletal material. Hum. Genet. 1999;104(2):164-166.

Shepard, E.M. et Herrara, R.J., Iranian STR variation at the fringes of biogeogrophical demarcation, Forensic Sci. Int. 2006;158, 140-148.

Shete S, Tiwari H, Elston RC. On estimating the heterozygosity and polymorphism information content value. Theor Popul Biol. 2000. 57(3): 265-271.

Sibille I, Duverneuil C, Lorin de la Grandmaison G, Guerrouache K, Teissiere F, Durigon M, de Mazancourt P. Y-STR DNA amplification as biological evidence in sexually assaulted female victims with no cytological detection of spermatozoa. Forensic Sci. Int. 2002;125(2-3):212-216.

Slatkin M. A measure of population subdivision based on microsatellite allele frequencies. Genet. 1995. 139(1): 457-462.

Slimane MN, Pousse H, Maatoug F, Hammami M, Ben Farhat MH. Phenotypic expression of familial hypercholesterolaemia in central and southern Tunisia. Atherosclerosis. 1993. 104(1-2): 153-158.

Slimane MN, Lestavel S, Clavey V, Maatouk F, Ben Fahrat MH, Fruchart JC, Hammami M, Benlian P. CYS127S (FH-Kairouan) and D245N (FH-Tozeur) mutations in the LDL receptor gene in Tunisian families with familial hypercholesterolaemia. J Med Genet. 2002. 39(11): e74.

Smith JC, Anwar R, Riley J, Jenner D, Markham AF, Jeffreys AJ. Highly polymorphic minisatellite sequences: allele frequencies and mutation rates for five locus-specific probes in a Caucasian population. J. Forensic Sci. Soc. 1990;30(1):19-32.

Sokal RR, Michener CD. A Statistical Method for Evaluating Systematic Relationships. Univ Kansas Sci Bull. 1958. 38: 1409-1438.

Southern EM. Measurement of DNA length by gel electrophoresis. Anal Biochem. 1979. 100: 319-323.

Straus LG. Age of the modern Europeans. Nature. 1989. 342: 476-477.

Sullivan KM, Mannucci A, Kimpton CP, Gill P. A rapid and quantitative DNA sex test: fluorescence-based PCR analysis of X-Y homologous gene amelogenin. Biotechniques. 1993. 15(4): 636-638, 640-641.

Susanne C, Rebato E, Chiarelli C (Eds). Anthropologie biologique. Evolution et biologie humaine. 2003. Editions de Boeck Université, Bruxelles, 763 p.

Sykes B, Irven C. Surnames and the Y chromosome. Am. J. Hum. Genet. 2000; 66(4):1417-1419.

Talbi, J., Khadmaoui, A., Soulaymani, A. et Chafik, A. Caractérisation du comportement matrimonial de la population marocaine. Antropo 2006;13,57-67. www.didac.ehu.es/antropo.

Talbi, J., Khadmaoui, A., Soulaymani, A. et Chafik, A. E. A., Etude de la consanguinité dans la population marocaine. Impact sur le profil de la santé, Antropo 2007 ;15,1-11. www.didac.ehu.es/antropo.

Tautz D. Hypervariability of simple sequences as a general source for polymorphic DNA markers. Nucleic Acids Res. 1989. 17(16): 6463-6471.

Tautz D. Notes on the definition and nomenclature of tandemly repetitive DNA sequences. EXS 1993;67:21-28.

Tautz D, Schlotterer C. Simple sequences. Curr Opin Genet Dev. 1994. 4: 832-837.

Tereba A. Tools for analysis of population statistics. Promega Corporation. Profiles DNA. 1999. 2: 14-16. Le programme est téléchargeable à l'adresse internet : http://www.promega.com/geneticidtools/powerstats/.

Trumme T, Herrmann B, Hummel S. Genetics in genealogical research--reconstruction of a family tree by means of Y-haplotyping. Anthropol. Anz. 2004;62(4):379-386.

Tully G, Bar W, Brinkmann B, Carracedo A, Gill P, Morling N. Parson, W., and. Schneider, P Considerations by the European DNA profiling (EDNAP) group on the working practices, nomenclature and interpretation of mitochondrial DNA profiles. Forensic Sci. Int. 2001;124(1):83-91.

Tully G, Barritt SM, Bender K, Brignon E, Capelli C, Dimo-Simonin N. Eichmann C, Ernst CM, Lambert C, Lareu MV, Ludes B, Mevag B, Parson W, Pfeiffer H, Salas A, Schneider PM, Staalstrom E Results of a collaborative study of the EDNAP group regarding mitochondrial DNA heteroplasmy and segregation in hair shafts. Forensic Sci. Int. 2004;140(1):1-11.

Urquhart A, Kimpton CP, Downes TJ, Gill P. Variation in short tandem repeat sequences—a survey of twelve microsatellite loci for use as forensic identification markers. Int J Legal Med. 1994. 107(1): 13-20.

Underhill PA, Passarino G, Lin AA, Shen P, Mirazon Lahr M, Foley RA Oefner, P.J. and Cavalli-Sforza, L.L. The phylogeography of Y chromosome binary haplotypes and the origins of modern human populations. Ann. Hum. Genet. 2001;65(Pt 1):43-62.

Vallone PM, Just RS, Coble MD, Butler JM, Parsons TJ. A multiplex allele-specific primer extension assay for forensically informative SNPs distributed throughout the mitochondrial genome. Int. J. Legal Med. 2004;118(3):147-157.

Verrier E., Rognon X., Laloë D. et Rochambeau H., 2005, Ethnozootechnie 76, 67-82

Vergnaud G. Polymers of random short oligonucleotides detect polymorphic loci in the human genome. Nucleic Acids Res. 1989;17(19):7623-7630.

Wang, CW., Chen, DP., Chen, CY., Lu, SC. et Sun CF., STR data for the AmpFlSTR SGM Plus and Profiler loci from Taiwan, Forensic Sci. Int. 2003;138, 119–122.

Watson JD, Crick FH. Molecular structure of nucleic acids: a structure for deoxyribose nucleic acid. Nature. 1953. 171(4356): 737-738.
Weber JL, May PE. Abundant class of human DNA polymorphisms which can be typed using the polymerase chain reaction. Am J Hum Genet. 1989. 44(3): 388-396.

Weber B, Riess O, Wolff G, Andrew S, Collins C, Graham R, Theilmann J, Hayden MR. Delineation of a 50 kilobase DNA segment containing the recombination site in a sporadic case of Huntington's disease. Nat Genet. 1992. 2(3): 216-222.

Weber JL, Wong C. Mutation of human short tandem repeats. Hum Mol Genet. 1993. 2(8): 1123-1128.

Weinberg W. Über den Nachweis der Vererbung beim Menschen. Jahreshefte des Vereins für vaterländische Naturkunde in Württemberg. 1908. 64: 368-382.

Weir BS, Cockerham CC. Estimating F-statistics for the analysis of population structure. Evolution. 1984. 38: 1358-1370.

Weir BS. Multiple tests. In: Genetic data analysis Sinauer Associates, Sunderland MA, 1990 : 109-110.

Wong Z, Wilson V, Jeffreys AJ, Thein SL. Cloning a selected fragment from a human DNA 'fingerprint': isolation of an extremely polymorphic minisatellite. Nucleic Acids Res. 1986;14(11):4605-4616.

Wong Z, Wilson V, Patel I, Povey S, Jeffreys AJ. Characterization of a panel of highly variable minisatellites cloned from human DNA. Ann. Hum. Genet. 1987;51(Pt 4):269-288.

Wright S. Evolution and the genetics of populations. Vol. 4. Variability within and among natural populations. 1978. University Chicago Press, Chicago.

Wyman AR, White R. A highly polymorphic locus in human DNA. Proc. Natl. Acad. Sci. USA 1980;77(11):6754-6758.

Yang, B., Wang, G., Liu, Y. et Yang, W., Population data for the AmpFl STR Identifiler PCR Amplification Kit in China Han in Jilin Province China. Forensic Sci Int. 2005;151(2-3), 293-297.

Y Chromosome Consortium. A nomenclature system for the tree of human Y-chromosomal binary haplogroups. Genome Res. 2002;12(2):339-348.

Yotova V, Labuda D, Zietkiewicz E, Gehl D, Lovell A, Lefebvre JF, Bourgeois S, Lemieux- Blanchard E, Labuda M, Vezina H, Houde L, Tremblay M, Toupance B, Heyer E, Hudson TJ, Laberge C. Anatomy of a founder effect: myotonic dystrophy in Northeastern Quebec. Hum Genet. 2005. 117(2-3): 177-187.

Zierdt H, Hummel S, Herrmann B. Amplification of human short tandem repeats from medieval teeth and bone samples. Hum Biol. 1996. 68(2): 185-199.

Zuniga, J., Ilzarbe, M., Acunha-Alonzo, V., Rosetti, F., Herbert, Z., Romero, V., Almeciga, I., Clavijo, O., Stern, J.N.H., Granados, J., Fridkis-Hareli, M., Morrison, P., Azocar, J. et Yunis E.J., Allele frequencies for 15 autosomal STR loci and admixture estimates in Puerto Rican Americans. Forensic Sci Int. 2006;164, 266–270.

Ibn Khaldoun

Muqaddima, Ibn Khaldoun, d'après Les Prolégomènes d'Ibn Khaldoun (1332-1406 de J .C) traduits en français et commentés par W. Mac Guckin de Slane (1801-1878).

Histoire des Berbères et des dynasties musulmanes de l'Afrique Septentrionale d'**Ibn Khaldoun, William MacGuckin.**

Annexe n°1

Laboratoire d'Anthropogénétique et de Physiopathologie
Faculté des Sciences Chouaïb Doukkali - El Jadida
Fiche signalétique

Enquête réalisée dans la région : Rabat-Salé-Zemmour-Zaër
G4 : L'individu participant

Nom	
Prénom	
Sexe	
Date de Naissance	
Lieu de Naissance	
Langue Maternelle	

G3 : Parents

* Père

Lieu de Naissance	
Langue Maternelle	

* Mère

Lieu de Naissance	
Langue Maternelle	

G2 : Grands Parents

* Grand-Père Paternel

Lieu de Naissance	
Langue Maternelle	

* Grand-Mère Paternelle

Lieu de Naissance	
Langue Maternelle	

* Grand-Père Maternel

Lieu de Naissance	
Langue Maternelle	

* Grand-Mère Maternelle

Lieu de Naissance	
Langue Maternelle	

G1 : Arrières Grands Parents

* Grand-Père Paternel

Lieu de Naissance	
Langue Maternelle	

* Grand-Mère Paternelle

Lieu de Naissance	
Langue Maternelle	

* Grand-Père Maternel

Lieu de Naissance	
Langue Maternelle	

* Grand-Mère Maternelle

Lieu de Naissance	
Langue Maternelle	

* Grand-Père Paternel

Lieu de Naissance	
Langue Maternelle	

* Grand-Mère Paternelle

Lieu de Naissance	
Langue Maternelle	

* Grand-Père Maternel

Lieu de Naissance	
Langue Maternelle	

* Grand-Mère Maternelle

Lieu de Naissance	
Langue Maternelle	

* Consentement de l'individu:
« J'atteste avoir accepté de participer dans cette enquête de mon plein gré »

Signature du participant

Annexe n°2

Extraction phénol-chloforme de l'ADN

- Digestion à la protéinase K

Les 20 µl de sang sont incubées toute la nuit, à 56°C, dans un tampon de digestion enzymatique contenant :

- 400 µl de tampon SEB (constitué de 1 ml Tris HCl 1M pH8, 2 ml NaCl 5M, 2 ml EDTA 0.5M, 10 ml SDS 10%, 5 ml du Protéinase K 10 mg/ml et 100 ml H_2O ; Dispatcher stérilement par 500 µl sur des tubes et stocker à 20 °C)

- 10 µl de protéinase K à 10 mg/ml (MERCK)

- 16 µl de DTT 1M (Sigma)

Le lendemain, les échantillons sont agités et essorés dans des micros spins à 13000 rotations pendant 3 minutes.

- Extraction organique

- Ajout de 500 µl de Phénol-Chloroforme-Alcool Isoamylique (25:24:1), pH 8, Tris 10 mM, EDTA 1 mM (Sigma)

- Agitation pendant 10 minutes à température ambiante

- Centrifugation durant 5 minutes à 12 000 g

- Prélèvement de la phase supérieure aqueuse

- Ajout de 500 µl de Chloroforme (Sigma)

- Agitation pendant 10 minutes à température ambiante

- Centrifugation 5 minutes à 12 000 g

- Récupération de la phase aqueuse

- Un mélange de 240 µl de NaCl 5 M (Sigma) et de 30 µl de glycogène (ROCHE) est réalisé

- 9 µl de ce mix sont ajoutés dans chaque tube

- Agitation pendant quelques secondes

- Ajout de 1 ml d'éthanol absolu (Carlo Erba) glacé, par tube

- Agitation pendant quelques secondes

- Les échantillons sont placés à − 20°C pendant 4 heures pour permettre la précipitation de l'ADN.

- Centrifugation des tubes pendant 30 minutes à 4°C et à 12900 g

- Le surnageant est éliminé, le culot est lavé avec 1 ml d'éthanol à 70 % glacé (Carlo Erba)

- Centrifugation des tubes 15 minutes à 4°C et à 12900 g

- Elimination du surnageant

- Les culots sont séchés sous vide pendant 10 minutes à 60 °C

- Les culots sont repris dans 60 µl d'eau stérile

- Les échantillons sont ensuite incubés à 56°C pendant 2 heures

- Stockage des échantillons à –20 °C.

Annexe n°3

Déroulement de la réaction de PCR

a- Dénaturation

Le thermomètre indique la température qui règne dans le thérmocycleur, appareil qui permet d'automatiser la PCR à cette température, les liaisons faibles qui assuraient la cohésion de la double hélice d'ADN sont rompues pour donner deux simples brins d'ADN (Figure 9).

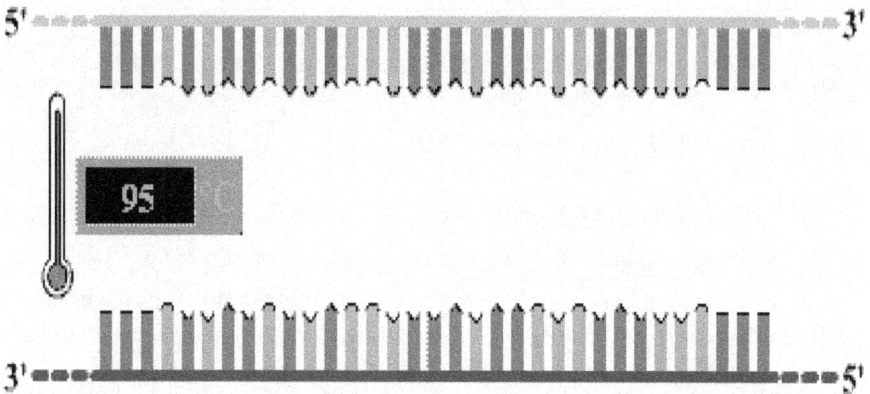

Figure 1 : dénaturation des deux brins d'ADN sous l'effet de la température

b- Hybridation

L'hybridation des amorces sur l'ADN repose sur le principe de l'appariement des bases complémentaires. On voit les amorces en bleu foncé et bleu clair qui se sont fixées (Figure 10).

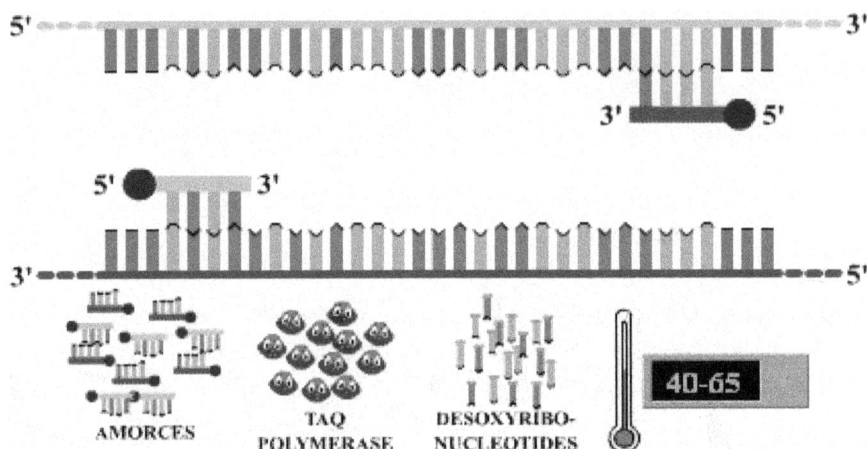

Figure 2: Hybridation des amorces sur les brins d'ADN

c- Élongation (extension des amorces)

Les amorces hybridées à l'ADN servent de point de départ, à la polymérisation du brin d'ADN complémentaire de l'ADN matrice. La polymérisation se fait par ajout successif des désoxyribonucléotides. Chaque base ajoutée est complémentaire de la base correspondante du brin matrice. Les ADN polymérases sont des enzymes qui synthétisent l'ADN de l'extrémité 5' prime vers l'extrémité 3-prime. Les polymérases (ici le petit personnage rouge) utilisées en PCR sont extraites de bactéries vivant naturellement à des températures élevées (Figure 11).

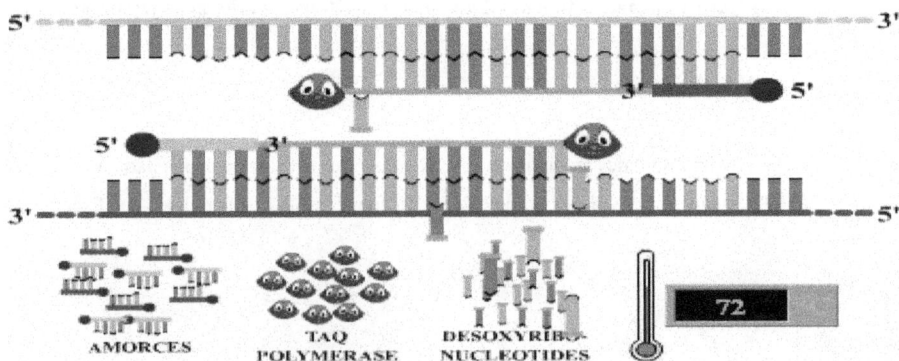

Figure 3 : Formation des nouveaux brins d'ADN

Le premier cycle de PCR permet de synthétiser autant de brins complémentaires (plus courts puisque bornés par une amorce) que de brins cibles. Ces molécules double-brin deviennent à leur tour des ADN cibles. Dans les deuxième et troisième cycles, la quantité d'ADN continue de doubler et les premières copies du fragment d'ADN recherché (dont la taille est limitée par les deux amorces) font leur apparition. Ainsi, au fil des cycles la quantité du fragment d'ADN recherché va augmenter de façon exponentielle. On obtient, en théorie 2^n copies de ce fragment pour n cycles. Par exemple, pour un rendement classique de 85%, une PCR de 30 cycles produit environ 10^6 copies.

Annexe n° 4

Explication de la correction de Bonferroni:

Dans chaque test statistique une hypothèse de départ est posée (l'hypothèse "nulle" H0), proposant, par exemple, l'absence de différences génétiques entre les populations testées ou la dépendance des loci considérés. La procédure statistique, basée sur un raisonnement probabiliste, consiste ensuite à tester H0 (acceptation ou rejet), à un seuil de significativité, en assumant un risque de se tromper, appelé risque "alpha" (α). Ce risque est fixé a priori et il est généralement égal à 5%. Ainsi, un test est validé lorsque son résultat n'est pas significatif de l'hypothèse de départ, c'est-à-dire lorsque H0 est rejetée à un seuil d'erreur de 5% (signifiant qu'on a 5 chances sur 100 que cette hypothèse H0 soit vraie par le simple fait du hasard). Cette valeur d'alpha est tout à fait acceptable pour un test unique mais représente un problème lorsque de multiples tests de la même hypothèse sont conduits. En effet, la valeur alpha augmente exponentiellement avec le nombre de comparaisons effectuées : par exemple, pour 3 tests, la probabilité d'obtenir un résultat faux est de plus de 14% et pour 10 tests on a plus de 40% de chance de se tromper. La correction de Bonferroni permet de contrôler ce risque global et de le maintenir à une valeur constante (généralement 5%). Le principe est, pour un nombre N de tests, de diminuer la probabilité d'obtenir un résultat faux au niveau de chacune des N comparaisons individuelles. Ce taux individuel est calculé en divisant le risque global alpha (α) que l'on veut contrôler par le nombre total (N) de tests à réaliser.

Prenons comme exemple le calcul de la valeur P dans le test de l'équilibre de Hardy-Weinberg pour 15 microsatellites autosomaux (Comme notre cas) à un risque de se tromper global de 5%. Si aucune correction n'est appliquée, on a plus de 48% de chances de trouver au moins un des 15 tests significatif ($P<0,05$), c'est-à-dire d'avoir au moins un microsatellite en déséquilibre dans la population testée. Au contraire, si on applique la correction de Bonferroni, le seuil de significativité de chacun des 15 tests est abaissé à 0,33% (0.05 / 15 = 0,0033) afin de maintenir le risque global à 5%. Ainsi une valeur de *P* comprise entre 0,05 et 0,0033 n'est plus significative et H0 est rejetée au risque de 5%. La correction de Bonferroni peut être calculée à l'adresse internet suivante : **http://home.clara.net/sisa/bonhlp.htm.**

Antropo

www.didac.ehu.es/antropo

La diversité génétique de 15 STR chez la population arabophone de Rabat-Salé-Zemmour-Zaer

Gene diversity of 15 STR among the Arab speaking population of Rabat-Salé-Zemmour -Zaer

H. El Ossmani[1,2], B. Bouchrif[3], J. Talbi[1], H. El Amri[2], A. Chafik[1]

[1] Laboratoire d'Anthropogénétique et de Physiopathologie, Département de Biologie, Faculté des Sciences, Université Chouaïb Doukkali, El Jadida. Maroc
[2] Laboratoire de Génétique, Gendarmerie Royale, avenue Ibn Sina 10100, Rabat, Maroc
[3] Laboratoire de Biologie Moléculaire, Institut Pasteur, 1 place Luis Pasteur, Casablanca, Maroc

Adresse de correspondance: Hicham El Ossmani, Laboratoire de Génétique de la Gendarmerie Royale, Avenu Ibn Sina 10100, Rabat, Maroc. E-mail: helossmani@yahoo.fr

Mots-Clés: Anthropogénétique, arabophone, Maroc, polymorphismes génétiques, STR.

Keywords: Anthropogenetics, Arab speaking, Morocco, gene polymorphisms, STR.

Résumé
L'effort fournit pour déchiffrer le génome humain a permis la révélation de nouveaux polymorphismes génétiques dotés de capacités informatives importantes de point de vue anthropogénétique. Les polymorphismes génétiques de l'ADN ont, ainsi, remplacé les marqueurs phénotypiques classiques (ABO, RH, etc...) dans la reconstruction de l'histoire évolutive des populations humaines. Dans ce travail, 15 marqueurs STR (TPOX, D3S1358, FGA, D5S818, CSF1PO, D7S820, D8S1179, TH01, VWA, D13S317, D16S539, D18S51 et D21S11) ont été exploités pour caractériser la diversité génétique de la population arabophone de Rabat-Salé-Zemmour-Zaer du Maroc. 387 individus originaires de Rabat-Salé-Zemmour-Zaer ont été typés au niveau des 15 marqueurs STR étudiés. L'analyse de la distribution des fréquences alléliques de ces systèmes a montré que la population est en équilibre génétique sauf au niveau des deux STR FGA et D16S539 qui témoignent d'une déviation significative par rapport à la situation d'équilibre. Le pouvoir de discrimination (PD), le pouvoir d'exclusion (PE) et le contenu informatif du polymorphisme (CIP) ont été estimés à partir des fréquences alléliques pour chaque marqueur. Le degré d'hétérozygotie et du polymorphisme au niveau des 15 STR présente un étendu important.

El Ossmani, H., Bouchrif, B., Talbi, J., El Amri, H., Chafik, A., 2007, La diversité génétique de 15 STR chez la population arabophone de Rabat-Salé-Zemmour-Zaer, Antropo, 15, 55-62. www.didac.ehu.es/antropo

El Ossmani *et al.*, 2007. Antropo, 15, 55-62. www.didac.ehu.es/antropo

Abstract
Effort provided to characterize the human genome has permitted the revelation of new gene polymorphisms with great informative capacities from anthrpogenetics point of view. Thus, gene polymorphisms of DNA has substituted phenotypic classical markers (ABO, RH,etc..) in the reconstitution of the evolutionary history of human populations. In this work, 15 STR markers (TPOX, D3S1358, FGA, D5S818, CSF1PO, D7S820, D8S1179, TH01, VWA, D13S317, D16S539, D18S51 and D21S11) were studied to characterize the gene diversity of the Arab speaking population of Rabat Rabat-Salé-Zemmour-Zaer. Genotypes of 387 native individuals of this population have been generated in the 15 loci. The analysis of these systems allelic frequencies showed that the population of Rabat-Salé-Zemmour-Zaer is in equilibrium except for the two loci FGA and D16S539, which are significantly deviated from the Hardy-Weinberg equilibrium. Power of discrimination (PD), power of exclusion (PE) and polymorphic information content (PIC) were estimated from the allelic frequencies of each marker. Heterozygosity and polymorphism level at the 15 STR presents a great range.

Introduction
Plusieurs études ont été réalisées sur des populations arabophones et berbérophones de différentes régions du Maroc, dans le but de leur caractérisation et situation anthropogénétique au sein du bassin Méditerranéen (Perez-Lezaun, A. *et al.*, 2000; Bosch, E. *et al.*, 2001; Dios, S. *et al.*, 2001; Abdin, L. *et al.*, 2003; Jauffrit, A. *et al.*, 2003 et Coudray *et al.*, 2007). Ce genre d'études est censé, en effet, définir les flux migratoires et les affinités génétiques qu'ont eu ces différentes populations au cours du temps.

Néanmoins, en dépit de la multitude des études qui ont été menées sur les populations marocaines, on assiste à un manque flagrant de données sur plusieurs autres populations qui témoignent d'une importance historique dans la constitution du substratum du Maroc. Parmi les populations dont la caractérisation anthropogénétique n'a jamais été rapportée, on cite la population arabophone du plateau de Rabat-Salé-Zemmour-Zaer. Cette population présente la particularité de séparer les populations berbérophones du Moyen Atlas des populations arabophones de la plaine du Zaer et de la Chaouia. En effet, de par son positionnement géopolitique qui en fait une tour pour contrôler tout le pays et de par sa richesse naturelle avec des potentialités particulièrement agricoles, la région de Rabat-Salé-Zemmour-Zaer a été l'objet d'une installation massive des arabophones lors des invasions islamiques au Maroc.

Afin de combler le manque de données sur cette population, nous avons mené la présente étude dans le but de caractériser la distribution des fréquences alléliques de 15 microsatellites.

Population et Méthodes
1. Situation paléoanthropologique et géolinguistique de la région étudiée
Au cours de toute la période préhistorique, l'Homme a laissé de nombreuses traces, sans doute facilitées par un climat plus favorable qu'aujourd'hui, qui marquent un peuplement très ancien. L'Homme de Taforalt (Oujda) en est un exemple très concret (Kéfi *et al.*, 2005).

À l'acheuléen (Paléolithique inférieur), des traces remontant à au moins 700.000 ans montrent une première activité humaine. Ces hommes de type néanderthalien vivaient principalement de la cueillette et de la chasse. Les outils de cette époque sont les galets aménagés, le biface, les hachereaux... découverts principalement dans les régions de Casablanca et de Rabat-Salé-Zemmour-Zaer.

Des sites néolithiques, montrant l'apparition d'une sédentarisation et la naissance de l'agriculture, ont été découverts près de Skhirat (Nécropole de Rouazi-Skhirat) l'une des communes de la région étudiée.

Par ailleurs, en complément des données anthropologiques et archéologiques, la linguistique permet d'apporter des informations sur l'origine des peuples et sur leurs relations. Au Maroc, la langue est aujourd'hui le caractère le plus original qui permet de distinguer les arabes des berbères. La figure 1 illustre la situation de la région de Rabat-Salé-Zemmour-Zaer au sein de la carte géolinguistique du Maroc.

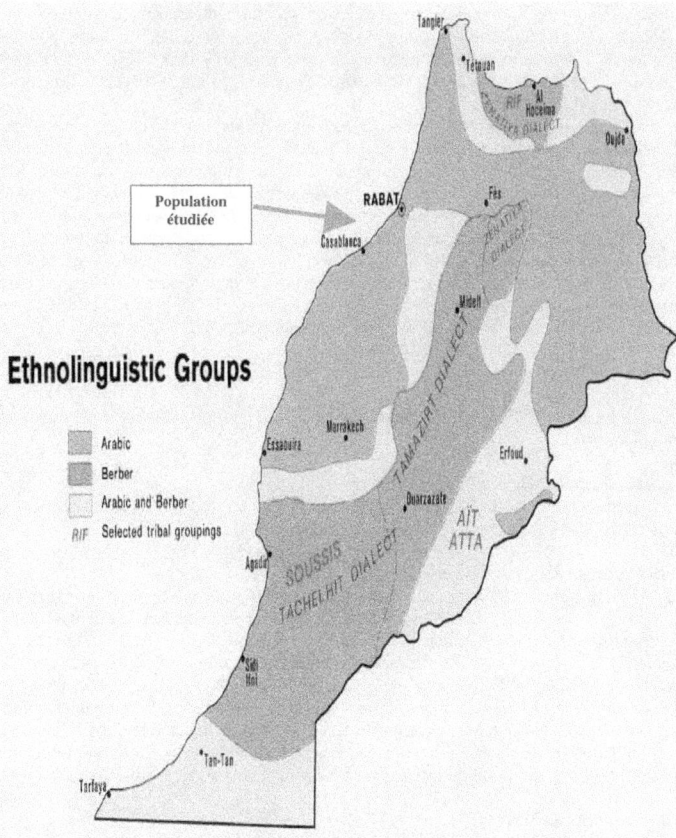

Figure 1. Position géolinguistique de la population Rabat-Sale-Zemmour-Zaer
Figure 1. Geolinguistic position of the population of Rabat-Sale-Zemmour-Zaer
(http://www.souss.com/forum/espace-general/6402-carte-ethnolinguistique-du-maroc-1973-a.html)

2. Echantillonnage

La population arabophone de Rabat-Salé-Zemmour-Zaer a été étudiée à travers un échantillon de prélèvements sanguins de 387 individus arabophones adultes sains, non apparentés et dont les 4 grands-parents sont nés dans la même région. Ces individus ont été recrutés sur la base d'une enquête linguistique réalisée sur le terrain. En effet, un entretien préalable avec les individus nous a permis de confirmer une répartition homogène de leurs origines sur l'ensemble de la région.

3. Choix des marqueurs génétiques: 15 STR

Les critères de sélection des systèmes génétiques doivent prendre en compte l'étendu de leur polymorphisme qui conditionne leur capacité à différencier les populations humaines entre elles, la connaissance validée de leur modalité de transmission génétique, l'action éventuelle de la sélection naturelle sur certains d'entre eux, la possibilité de mettre en œuvre des méthodes d'exploration validées et maîtrisées, et enfin l'existence de données bibliographiques "exploitables" pour de nombreuses populations en vue de comparaison. Il est bien entendu possible d'y associer de nouveaux systèmes génétiques afin d'évaluer leurs possibilités d'utilisation en Anthropologie génétique, c'est le cas des 15 STR du kit Identifiler utilisé dans notre étude (TPOX, D3S1358, FGA, D5S818, CSF1PO, D7S820, D8S1179, TH01, VWA, D13S317, D16S539, D18S51 et D21S11).

Ces marqueurs ont été choisis car ils sont particulièrement variables, peu sujets aux mutations, indépendants, assez courts et faciles à amplifier simultanément. Ces marqueurs sont situés sur différents chromosomes autosomaux. Ils sont tous constitués de motifs répétés tétranucléotidiques classés en 3 catégories (Urquhart *et al.* 1994): simples, composés et complexes. Les répétitions « simples » contiennent des unités de même séquence et longueur (ex: motif [AATG] du locus TPOX). Les répétitions « composées » comprennent au moins 2 unités "simples" adjacentes (ex: [AGAT],[TCTA] du locus D3S1358). Enfin, les répétitions "complexes" se composent d'unités répétitives différentes et de longueur variable avec diverses séquences intercalées entre les blocs (ex: [TTTC]3 TTTTTTCT [CTTT]n CTCC [TTCC]2 pour le locus FGA). La taille des différents allèles STR varie entre 102 et 358 pb.

4. Analyse génétique

Extraction d'ADN
L'ADN a été extrait à partir des échantillons de sang en utilisant la méthode organique du Phénol-chloroforme.

Quantification d'ADN
La quantification d'ADN est réalisée par la technique de la PCR en temps réel par le kit Quantifiler (Applied Biosystems, Foster City, CA).

Amplification et génotypage des STRs
L'ADN est soumis à un marquage par des molécules fluorescentes pour déterminer le profil génétique STR d'un individu: la PCR multiplex. Basée sur le même principe de la PCR classique, cette technique permet l'amplification d'ADN simultanée de plusieurs STRs. Ces colorations sont ensuite détectées lors de la séparation électrophorétique des « produits » de PCR par un Analyseur Génétique ABI Prism 3130xl (Applied Biosystems, Foster City, CA). Ces informations sont ensuite transmises à un ordinateur qui va les collecter et les traiter par un logiciel spécifique GeneMapper ID v3.2 (Applied Biosystems, Foster City, CA). Ce logiciel attribue à chaque allèle STR une taille (en paires de bases) à partir de laquelle le nombre de motifs répétés et le nom de cet allèle sont déduits. Un profil génétique est, ainsi, généré pour chaque individu analysé.

5. Analyse Statistique

Lors de l'analyse des données, nous avons fait appel au logiciel Arlequin version 3.1 (Excoffier *et al.*, 2005) pour estimer les fréquences alléliques, l'hétérozygotie et pour tester l'équilibre de Hardy-Weinberg au niveau de la population. La correction de Bonferroni a été effectuée et seules les valeurs inférieures à 0,003 sont considérées significatives (0,05/15=0,003) (Weir, 1996). Le pouvoir discriminant, le pouvoir d'exclusion et le contenu informatif du polymorphisme ont été estimés par le programme PowerStats version 1.2 (http://www.promega.com/geneticidtools/.).

Résultats
Le tableau 1 présente les fréquences alléliques et les paramètres estimés des 15 STRs étudiés dans la population arabophone de Rabat-Salé-Zemmour-Zaer. La population est génétiquement très diversifiée avec des hétérozygoties allant de 0,672 pour les loci D5S818 et TPOX à 0,879 au niveau du locus D2S1338. La population arabophone de Rabat-Salé-Zemmour-Zaer se présente en équilibre de Hardy-Weinberg pour tous les loci, à l'exception des deux loci D16S539 et FGA dont la divergence constatée par rapport à l'état d'équilibre s'est révélée significative même après l'application de la correction de Bonferroni.

El Ossmani et al., 2007. Antropo, 15, 55-62. www.didac.ehu.es/antropo

Allele	D5S818	FGA	D8S1179	D21S11	D7S820	CSF1PO	D3S1358
6	-	-	-	-	-	-	-
7	-	-	-	-	0,004	0,009	-
8	0,034	-	0,013	-	0,134	0,030	-
9	0,052	-	-	-	0,147	0,022	-
9,3	-	-	-	-	-	-	-
10	0,060	-	0,121	-	0,315	0,263	-
11	0,263	-	0,129	-	0,220	0,384	-
12	0,419	-	0,086	-	0,155	0,237	-
13	0,168	-	0,194	-	0,026	0,047	-
13,2	-	-	-	-	-	-	-
14	-	-	0,228	-	-	0,009	0,043
14,2	-	-	-	-	-	-	-
15	0,004	-	0,177	-	-	-	0,336
15,2	-	-	-	-	-	-	-
16	-	-	0,052	-	-	-	0,233
16,2	-	-	-	-	-	-	-
17	-	-	-	-	-	-	0,263
17,2	-	-	-	-	-	-	-
18	-	-	-	-	-	-	0,108
19	-	0,039	-	-	-	-	0,009
20	-	0,147	-	0,009	-	-	0,009
21	-	0,207	-	-	-	-	-
21,2	-	0,004	-	-	-	-	-
22	-	0,220	-	-	-	-	-
23	-	0,121	-	-	-	-	-
24	-	0,121	-	-	-	-	-
25	-	0,095	-	-	-	-	-
26	-	0,035	-	-	-	-	-
27	-	0,013	-	0,026	-	-	-
28	-	-	-	0,116	-	-	-
29	-	-	-	0,241	-	-	-
30	-	-	-	0,190	-	-	-
30,2	-	-	-	0,013	-	-	-
31	-	-	-	0,099	-	-	-
31,2	-	-	-	0,095	-	-	-
32	-	-	-	0,004	-	-	-
32,2	-	-	-	0,142	-	-	-
33,2	-	-	-	0,043	-	-	-
34,2	-	-	-	0,017	-	-	-
35	-	-	-	0,004	-	-	-
Ho	0.672	0.733	0.802	0.845	0.776	0.776	0.784
He	0.723	0.850	0.841	0.854	0.792	0.727	0.753
P	0.254	0.001[c]	0.031	0.030	0.013	0.398	0.371
PD	0,884	0,948	0,947	0,949	0,916	0,861	0,883
PIC	0,68	0,83	0,82	0,83	0,76	0,68	0,71
PE	0,387	0,481	0,602	0,685	0,555	0,555	0,571

Tableau 1. les fréquences alléliques des 15 STR de la population Rabat-Salé-Zemmour-Zaer. H_0: Hétérozygotie observée; H_e: Hétérozygotie attendue; P: Test exact de l'équilibre HW; PD: Pouvoir de discrimination; PE: Pouvoir d'exclusion; PIC: Contenu informatif du polymorphisme; c: Correction de Bonferroni (0.05/15=0.0033).
Table 1. Allelic frequencies of the 15 STR of the population of Rabat-Salé-Zemmour-Zaer. H_0: Observed heterozyosity; H_e: Expected heterozygosity; P: Exact test of Hardy-Weinberg equilibrium; PD: Power of discrimination; PE: Power of exclusion; PIC: Polymorphic information content; c: Correction de Bonferroni.

Allele	THO1	D13S317	D16S539	D2S1338	D19S433	VWA	TPOX	D18S51
6	0,198	-	-	-	-	-	0,004	-
7	0,185	-	-	-	-	-	0,004	-
8	0,177	0,103	0,052	-	-	0,004	0,392	-
9	0,259	0,048	0,142	-	-	-	0,159	-
9,3	0,142	-	-	-	-	-	-	-
10	0,030	0,035	0,073	-	-	-	0,082	0,004
11	0,009	0,280	0,237	-	0,009	-	0,319	0,030
12	-	0,392	0,276	-	0,134	-	0,034	0,147
13	-	0,082	0,185	0,004	0,190	0,013	-	0,078
13,2	-	-	-	-	0,034	-	-	-
14	-	0,060	0,022	-	0,297	0,151	-	0,181
14,2	-	-	-	-	0,065	-	-	-
15	-	-	0,009	-	0,177	0,164	0,004	0,168
15,2	-	-	-	-	0,039	-	-	-
16	-	-	-	0,039	0,022	0,190	-	0,151
16,2	-	-	-	-	0,022	-	-	-
17	-	-	-	0,241	0,004	0,211	-	0,138
17,2	-	-	-	-	0,009	-	-	-
18	-	-	-	0,073	-	0,177	-	0,034
19	-	-	-	0,172	-	0,073	-	0,026
20	-	-	-	0,194	-	0,017	-	0,030
21	-	-	0,004	0,043	-	-	-	0,004
21,2	-	-	-	-	-	-	-	-
22	-	-	-	0,030	-	-	-	-
23	-	-	-	0,056	-	-	-	0,009
24	-	-	-	0,073	-	-	-	-
25	-	-	-	0,061	-	-	-	-
26	-	-	-	0,014	-	-	-	-
27	-	-	-	-	-	-	-	-
28	-	-	-	-	-	-	-	-
29	-	-	-	-	-	-	-	-
30	-	-	-	-	-	-	-	-
30,2	-	-	-	-	-	-	-	-
31	-	-	-	-	-	-	-	-
31,2	-	-	-	-	-	-	-	-
32	-	-	-	-	-	-	-	-
32,2	-	-	-	-	-	-	-	-
33,2	-	-	-	-	-	-	-	-
34,2	-	-	-	-	-	-	-	-
35	-	-	-	-	-	-	-	-
Ho	0.759	0.750	0.828	0.879	0.810	0.828	0.672	0.784
He	0.812	0.746	0.808	0.856	0.822	0.836	0.714	0.870
P	0.006	0.481	0.002[c]	0.004	0.015	0.132	0.162	0.040
PD	0,926	0,884	0,909	0,945	0,933	0,942	0,864	0,961
PIC	0,78	0,71	0,78	0,84	0,80	0,81	0,66	0,85
PE	0,525	0,510	0,651	0,753	0,618	0,651	0,387	0,571

Tableau 1. (Suite).
Table 1. (Continued).

Les loci D18S51et D21S11 se présentent les plus polymorphes avec 13 allèles. En effet, ces deux loci présentent les pouvoirs discriminants les plus forts, soient respectivement 0,961 et 0,948. L'allèle qui présente la fréquence la plus élevée (0,419) est rencontré au niveau du locus D5S818 (12 répétitions). Ce locus présente, par ailleurs, le pouvoir d'exclusion le plus faible à côté du locus TPOX (0,387). En effet, les nombres d'allèles au niveau de ces deux loci sont respectivement de 7 et 8.

El Ossmani *et al.*, 2007. Antropo, 15, 55-62. www.didac.ehu.es/antropo

Discussion

En plus des 13 microsatellites de la base de données américaine CODIS (*COmbined DNA Index System*)*:* TPOX, D3S1358, FGA, D5S818, CSF1PO, D7S820, D8S1179, TH01, VWA, D13S317, D16S539, D18S51 et D21S11, nous avons ajouté les deux systèmes D2S1338 et D19S433. Ainsi, les fréquences alléliques de 15 STRs autosomaux ont été utilisées pour définir la distribution de leurs fréquences alléliques chez la population arabophone de Rabat-Salé-Zemmour-Zaer.

Les résultats confirment le potentiel discriminant important de ces marqueurs, avec une valeur importante au niveau du système D18S51, ce qui concorde avec les résultats de Shepard et Herrara (2005) lors d'une étude réalisée sur la population Iranienne. Ceci témoigne de la fiabilité de l'usage de ces marqueurs, non pas seulement en matière d'identification des individus, mais surtout pour quantifier les affinités génétiques entre les populations humaines. En effet, la distribution des fréquences alléliques au niveau des différents loci est susceptible d'apporter des informations sur l'état d'équilibre de la population et sur les tendances évolutives de sa structure génétique. Mises dans un contexte démographique, ces informations assurent une approximation très probable de la dynamique socio-comportementale et historique de la population.

13 des 15 loci étudiés témoignent d'une population en équilibre génétique. Cependant, la distribution des fréquences alléliques des loci D16S539 et FGA se présente déviée de l'état d'équilibre. Les sources susceptibles mais très discutables de cette déviation sont, en effet, multiples. On peut en avancer une éventuelle dérive génétique ayant changé la distribution des fréquences alléliques de ces deux marqueurs. Les pratiques matrimoniales dans la région pourraient impliquer une dépression quant à l'équilibre au niveau de ces deux marqueurs. En effet, la proportion des mariages consanguins dans la région de Rabat-Salé-Zemmour-Zaer atteint 20% (Hami *et al*, 2007). Une des sources du déséquilibre affiché au niveau de ces deux marqueurs pourrait résider au niveau de leur définition moléculaire. En effet, un taux inapproprié de mutations est susceptible de perturber l'état d'équilibre d'un gène donné. Le mode de transmission des allèles au niveau de ces loci pourrait être une éventuelle source de plus à travers un éventuel déséquilibre de liaison.

Conclusion

Hormis le déséquilibre noté au niveau des deux marqueurs (D16S539 et FGA), les 13 autres marqueurs montrent que la population est équilibrée génétiquement. Une recherche dans l'histoire de cette population, associée à une étude moléculaire soigneuse au niveau des loci qui se sont révélés déséquilibrés, permettra d'expliquer ce déséquilibre.

Par ailleurs, l'ensemble des données relevées peuvent être exploitées dans une étude ultérieure pour situer la population de Rabat-Salé-Zemmour-Zaer dans un contexte régional et mondial, notamment par rapport aux populations du moyen orient soupçonnées, historiquement, être l'origine des flux migratoires vers la population étudiée lors de l'installation de l'empire islamique au Maroc. Une comparaison par rapport aux données publiées récemment sur ces populations permettra de ratifier ou rejeter cette hypothèse. Cette comparaison, ainsi qu'une comparaison intrarégionale visant l'estimation du degré de métissage entre cette population arabophone et les berbèrophones du Maroc, feront l'objet de notre prochaine publication.

References

Abdin, L., Shimada, I., Brinkmann, B. et Hohoff, C., 2003, Analysis of 15 short tandem repeats reveals significant differences between the Arabian populations from Morocco and Syria. Legal Medicine (Tokyo), 5(Suppl1), S150-155.

Applied Biosystems, 2001, AmpFl STR® Identifiler™ PCR Amplification Kit User's Manual, Foster City, CA, P/N 4323291.

Bosch, E., Clarimon, J., Perez-Lezaun, A. et Calafell, F., 2001, STR data for 21 loci in north-western Africa, Forensic Science International, 116(1), 41-51.

Coudray, C., Guitard, E., Keyser-Tracqui, C., Melhaoui, M., Cherkaoui, M., Larrouy, G. et Dugoujon, J.M., 2007, Population genetic data of 15 tetrameric short tandem repeats (STRs)

in Berbers from Morocco. Forensic Science International, 167, 81-86.

Dios, S., Luis, J.R., Carril, J.C. et Caeiro, B., 2001, Sub-Saharan genetic contribution in Morocco: microsatellite DNA analysis, Human Biology, 73(5), 675-688.

Excoffier L., Laval, G. and Schneider S., 2005, Arlequin ver. 3.1: An integrated software package for population genetics data analysis, Evolutionary Bioinformatics Online, 1, 47-50.

Hami, H., Soulaymani, A. et Mokhtari, A., 2007, Traditions matrimoniales dans la région de Rabat-Salé-Zemmour-Zaer au Maroc, Bulletins et Mémoires de la Société d'Anthropologie de Paris, 19, 1-2.

Jauffrit, A., El Amri, H., Airaud, F., Andre, M.T., Herbert, O., Landeau-Trottier, G., Giraudet, S., Richard, C., Chaventre, A. et Moisan, J.P., 2003, DNA short tandem repeat profiling of Morocco, Journal of Forensic Science, 48(2), 458-459.

Kéfi, R., Stevanovitch, A., Bouzaid, E. et Béraud-Colomb, E.,2005, Diversité mitochondriale de la population de Taforalt (12.000 ans BP – Maroc): une approche génétique à l'étude du peuplement de l'Afrique du Nord, Anthropologie, 43, 1-11.

Pérez-Lezaun, A., Calafell, F., Clarimón, J., Bosch, E., Mateu, E., Gusmao, L., Amorim, A., Benchemsi, N. et Bertranpetit, J., 2000, Allele frequencies of 13 short tandem repeats in population samples from the Iberian Peninsula and Northern Africa. International Journal of Legal Medicine, 113(4), 208-214.

PowerStats ver. 1.2, 1999, http://www.promega.com/geneticidtools/.

Shepard, E.M. et Herrara, R.J., 2006, Iranian STR variation at the fringes of biogeogrophical demarcation, Forensic Science International, 158, 140-148.

Urquhart, A., Kimpton, C.P., Downes, T.J. et Gill, P., 1994, Variation in short tandem repeat sequences: a survey of twelve microsatellite loci for use as forensic identification markers. Internationa Journal of Legal Medicine, 107(1), 13-20.

Weir, B.S., 1996, Multiple tests. Dans: Genetic data analysis II, Sinauer Associates, USA, 134, 109-110.

Exploitation de 15 STRs autosomaux pour l'étude phylogénétique de la population Arabophone de Rabat-Salé-Zemmour-Zaer (Maroc)

Exploitation of 15 autosomal STRs in the phylogenetic study of the Arabic-speaking population of Rabat-Salé-Zemmour-Zaer (Morocco)

Hicham El Ossmani[1,2], Jalal Talbi[1], Brahim Bouchrif[3], Abdelaziz Chafik[1]

[1]Laboratoire d'Anthropogénétique et de Physiopathologie, Département de Biologie, Faculté des Sciences, Université Chouaïb Doukkali, El Jadida. Maroc
[2]Laboratoire de Génétique, Gendarmerie Royale, avenue Ibn Sina 10100, Rabat, Maroc
[3]Laboratoire de Biologie Moléculaire, Institut Pasteur, 1 place Luis Pasteur, Casablanca

Adresse de correspondance: Hicham El Ossmani, Laboratoire de Génétique de la Gendarmerie Royale, Avenue Ibn Sina 10100, Rabat, Maroc. E-mail: helossmani@yahoo.fr

Mots-clés: Rabat-Salé-Zemmour-Zaer; Arabophone; Phylogénétique; STR; Histoire; contexte Afro-méditerranéenne; contexte mondial

Keywords: Rabat-Salé-Zemmour-Zaer; Arabic-speaking; Phylogenetic; STR; History; Afro-Mediterranean context; worldwide context

Résumé

La volonté de classer les populations humaines actuelles n'est pas récente dans l'histoire de l'anthropologie. Aujourd'hui la réalisation d'une construction phylogénétique associe le critère géographique aux critères anatomiques de l'anthropologie physique et, depuis peu, aux considérations historiques, ethnologiques et linguistiques. Dans ce contexte nous avons réalisé une étude phylogénétique régionale et mondiale de la population arabophone marocaine de Rabat-Salé-Zemmour-Zaer en utilisant les fréquences allèliques des 15 STRs du kit Identifiler (TPOX, D3S1358, FGA, D5S818, CSF1PO, D7S820, D8S1179,TH01, vWA, D13S317, D16S539, D18S51, D2S1338, D19S433 et D21S11) susceptibles de reconstituer l'histoire des flux géniques qui ont alimenté le substratum génétique dans cette région qui abrite l'un des plus anciens sites archéologiques (Harhoura). La population arabophone de Rabat-Salé-Zemmour-Zaer présente une similitude génétique aux Andalous à l'échelle Afro-méditerranéenne et des rapprochements génétique aux populations du Moyen Orient dans un contexte mondial plus large. Les événements historiques des invasions islamiques au Maroc et de l'expulsion des arabes de la Péninsule ibérique semblent définir de près cette structure.

El Ossmani, H., Talbi, J., Bouchrif, B., Chafik, A., 2008, Exploitation de 15 STRs autosomaux pour l'étude phylogénétique de la population Arabophone de Rabat-Salé-Zemmour-Zaer (Maroc), Antropo, 17, 15-23. www.didac.ehu.es/antropo

Abstract
Classification of the actual human populations is not recent in the history of Anthropology. Today the realization of a phylogenetic structure links the geographical criterion to anatomic criteria of physical anthropology and, lately, to historical, ethnological and linguistic considerations. In this context we accomplished a regional and worldwide phylogenetic study of the Arabic-speaking population of Rabat-Salé-Zemmour-Zaer in Morocco, by using allelic frequencies of 15 STRs of Identifiler kit (TPOX, D3S1358, FGA, D5S818, CSF1PO, D7S820, D8S1179, TH01, vWA, D13S317, D16S539, D18S51, D2S1338, D19S433 and D21S11). These STR are likely to reconstruct the history of gene fluxes that fed the genetic substratum in this region that shelters one of the most ancient archeological sites (Harhoura). The Arabic-speaking population of Rabat-Salé-Zemmour-Zaer presents a genetic similarity with the Andalusia's population at the Afro-Mediterranean context and with the Middle East populations at a larger worldwide context. The historic events of Islamic plagues in Morocco and of the expulsion of Arabs from the Iberian Peninsula seem to define, closely, this structure.

Introduction
Le brassage des gènes entre les différentes populations mondiales a suscité l'intérêt des anthropologues depuis l'émergence de la théorie de l'effet fondateur et de celle de la dérive génétique. Plusieurs types d'informations et différentes méthodes permettent d'apprécier l'hétérogénéité au sein d'une population (Verrier et al, 2005). Les études portaient et portent encore sur l'origine géographique des individus pour définir l'état du substratum génétique des populations et apprécier les affinités génétiques entre les groupes. En effet, les groupes géographiquement proches sont aussi génétiquement similaires et lorsque la distance géographique augmente, la différence génétique entre les populations devient plus importante (Calafell et al. 2000; Rosenberg et al. 2002). Avec le progrès technologique et scientifique réalisé en biologie moléculaire l'appréciation de l'état du pool génétique et de la mobilité des gènes s'effectue directement au niveau de l'ADN en exploitant les séquences marqueurs telles que les STR. Récemment nous avons exploité 15 STRs autosomaux pour définir la structure génétique de la population marocaine arabophone de Rabat-Salé-Zemmour-Zaer (El Ossmani et al, 2007).

En faisant toujours appel aux même STR nous nous proposons dans le présent travail de situer cette population marocaine par rapport aux populations mondiales. En effet, par rapport au reste des populations qui définissent la carte phylogénétique mondiale, la population marocaine occupe plutôt une situation particulière de par sa mosaïque ethnique. Avec une histoire profonde de métissage alimentée par les flux migratoires divers et intenses qui ont réaménagé le substratum de la population dite autochtone (berbère), les barrières génétiques entre les différents groupes ethniques qui constituent cette population et encore entre celle-ci et les populations avoisinantes sont devenues très floues. Les facteurs socioculturels sont, ainsi, devenu encore plus discriminants que la biologie et, désormais, en parle d'arabophones, de berbérophones, d'hispaniques...

L'hétérogénéité des flux migratoires se traduit par l'instabilité de la position phylogénétique de la population marocaine lors des travaux fragmentaires antérieurement réalisés sur cette population qui tantôt se présente proche du contexte méditerranéen avec des affinités aux populations du nord et tantôt rejoigne les populations du proche et moyen orient. Par rapport à une population qui a tendance à conserver son patrimoine génétique via un comportement matrimonial endogame et consanguin sous le témoignage des études récemment effectuées par Talbi et al en 2006 et 2007 à travers le territoire marocain, serait-ce l'histoire qui gère le plus les affinités de cette population vis-à-vis les autres populations mondiales. La confrontation d'une approche historique à l'approche anthropogénétique entreprise lors de cette étude pourrait confirmer cette hypothèse.

El Ossmani *et al.*, 2008. Antropo, 17, 15-23. www.didac.ehu.es/antropo

Population et Méthodes

1. Histoire de la région

Rabat (en Arabe « *Ar-Ribat* ») est la capitale politique et administrative du Maroc. Elle est située sur le littoral Atlantique du pays, sur la rive gauche de l'embouchure du Bouregreg, en face de la ville de Salé. Elle compte plus de 1,7 million d'habitants.

Des peuplements sont attestés sur le site de Rabat depuis l'Antiquité. La ville, à proprement parler, a été fondée en 1150 par le sultan almohade *Abd Al-Mumin*. Il y édifia une citadelle (future Kasbah des « *Oudaïa* »), une mosquée et une résidence. C'est alors ce qu'on appelle un « *Ribat* », une forteresse. Le nom actuel vient de *Ribat Al Fath*, « le camp de la victoire ». C'est le petit-fils *d'Abd Al-Mumin, Yaequob al-Mansor*, qui agrandit et complète la ville, lui donnant notamment des murailles. Par la suite, la ville a servi de base aux expéditions almohades en Andalousie.

A partir de 1610, Rabat reçut une forte population de réfugiés musulmans chassés *d'Al-Andalus* qui s'établirent dans la Kasbah et à l'intérieur de l'enceinte almohade, dans la partie Nord-Ouest, qu'ils délimitèrent et protégèrent par une nouvelle enceinte, la muraille andalouse.

Pendant quelques dizaines d'années, Rabat, alors connue de l'Europe sous le nom de « *Salé-le-Neuf* », fut le siège d'une petite république maritime, la République du Bouregreg, jusqu'à l'avènement des *Alaouites* qui s'emparèrent de l'estuaire en 1666. Sa principale activité était, alors, la course en mer contre les Chrétiens qui lui procurait la totalité de ses ressources et *Salé-le-Neuf* devient le premier port du Maroc. Les descendants de ces Andalous, qui portent souvent des patronymes à consonance castillane tels que *Mouline (Molina), Bargach (Vargas), Moreno, Balafrej, Ronda*, etc., sont toujours considérés comme les Rbatis dits « de souche ».

2. Echantillonnage

L'objectif était d'obtenir un nombre suffisant de sujets d'origine de Rabat Salé Zemmour Zaer sans lien de parenté avec un sexe ratio équilibré. Nous avons, ainsi, recueilli des informations sur l'origine de chaque individu, de ses parents, de ses grands-parents et de ses arrières grands parents, son lieu de naissance, sa langue et, bien entendu, son identité. Ensuite, 5 ml de sang ont été prélevés de chaque individu dans des tubes à EDTA. 387 individus ont, ainsi, participé à l'étude.

3. Analyse génétique

L'ADN a été extrait à partir des échantillons de sang en utilisant la méthode organique du Phénol-chloroforme. La quantification d'ADN est réalisée par la technique de la PCR en temps réel par le kit Quantifiler (Applied Biosystems, Foster City, CA).

Les 15 marqueurs STR à analyser du kit Identifiler (TPOX, D3S1358, FGA, D5S818, CSF1PO, D7S820, D8S1179, TH01, vWA, D13S317, D16S539, D18S51, D2S1338, D19S433 et D21S11) sont amplifiés par la technique de PCR. Au terme de la réaction d'amplification, l'ADN amplifié est soumis à l'électrophorèse et les allèles des différents microsatellites sont séparés en fonction de leur taille à l'aide d'un analyseur ABI Prism 3130xl (Applied Biosystems, Foster City, CA).

4. Analyse statistique

La projection bidimensionnelle des fréquences alléliques lors de l'analyse en composantes principales a été effectuée avec la macro Excel XLSTAT V.7.5.2 (Addinsoft, http://www.xlstat.com). Les arbres phylogénétiques ont été établis avec le programme Neighbor-Joining du logiciel Phylip 3.67 (Felsenstein, 2007). La robustesse topologique des arbres a été testée avec 1000 bootstrap en faisant appel au même logiciel. Les fréquences alléliques sont accessibles sur notre travail antérieur publié dans la revue Antropo (El Ossmani et al, 2007). Les fréquences alléliques de 30 populations mondiales ont été introduites dans l'analyse (Tableau 1).

Populations		Effectifs	Références
Afrique du Nord	Berbères de Bouhria Maroc	104	Coudray et al.2007
	Berbères d'Asnie Maroc	105	
	Berbères de Siwa Egypte	98	
	Musulmans d'Egypte	99	
	Copts d'Adaima Egypte	100	
Afrique	Guinée Equatorial	134	Cíntia Alves et al. 2005
sub-saharienne	Angola (Cabinda)	110	Beleza et al. 2004
	Mozambique	135-144	Alves et al. 2004
	Tutsi Rwanda	108-126	Regueiro et al. 2004
Moyen Orient	EAU (Dubai)	224	Alshamali et al. 2005
	Arabie Saoudite	94	
	Oman	79	
	Yémen	101	
	Iraq	103	Filippo et al. 2007
	Iran	150	E.M. Shepard et R.J.Herrera.2006
Asie de l'Est	Inde	317	Bindu et al.2007
	Bangladesh	127	Yuji et al. 2005
	Chine	200	Yang et al. 2005
	Corée	231	Yoo.Li.Kim et al.2003
	Taiwan	597	Chih.Wi.Wang et al. 2003
	Thailande	210	Rerkamnuaychoke et al. 2006
Europe	Andalousie Espagne	114	Coudray et al. 2007
	Autochtones de l'Espagne	342	Camatcho et al. 2007
	Belgique	100	R.Decorte et al.2003
	Belarusse	176	K. Reba_a et al. 2007
	Macédonie	100	D.Havas et al.2007
Amérique Latine	Mexique	180	A.Gorostiza et al. 2007
	Porto Rico	205	J.Zuniga et al. 2006
	Costa Rica	191-500	A.Rodriguez et al.2007
	Venezuela	203	L.P.Bernal et al. 2006

Tableau 1. Les populations mondiales introduites dans l'étude
Table 1. The Worldwide populations introduced in the study

Résultats et discussion

L'étude a été entreprise dans deux contextes d'ampleurs différentes:

1: Un contexte Afro-Méditerranéen: Pour une analyse régionale visant à situer génétiquement cette population par rapport aux populations voisines avec lesquelles elle partage des traits ou barrières culturels, sociaux et /ou géographiques.

2: Un contexte mondial visant à réaménager la structure génétique établie dans le contexte régional par rapport aux échanges inter-populationnels qui ont eu lieu au cours de l'histoire de l'humanité tout en dépistant d'éventuels apports d'autres populations dans le patrimoine génétique de la population de Rabat-Salé-Zemmour-Zaer traduit par un repositionnement phylogénétique de celle-ci.

Pour l'étude à l'échelle régionale, les fréquences alléliques de quatre populations sub-sahariennes, six populations Nord-Africaines et trois populations du nord du bassin méditerranéen ont été introduites à l'analyse. La figure 1 présente les résultats de l'analyse en composantes principales réalisée à partir de ces fréquences. Les deux premiers axes du graphique représentent 57,53% de la variance totale. La dispersion des nuages de points traduit une structuration claire des populations en deux groupes distincts. Le premier groupe renferme les populations sub-sahariennes reflétant, ainsi, leur homogénéité génétique et à titre parallèle leur situation géographique par rapport aux reste des populations. Les populations Nord-Africaines s'organisent au sein du même groupe à côté des populations Nord-Méditerranéennes témoignant, ainsi, d'une grande affinité génétique traduisant à la fois le rapprochement géographique, socioculturel et historique. Au sein de ce même groupe on assiste à une structuration des populations en deux sous-goupes relativement distincts. Le premier sous-groupe est constitué des populations Nord-Africaines, à l'exception de la population de Rabat-Salé-Zemmour-Zaer qui se positionne à côté des populations Nord-Méditerranéennes au sein du deuxième sous-groupe. Au-delà de la proximité géographique, le contexte historique semble présenter une explication encore plus fiable à cette affinité génétique. En effet, une forte migration des musulmans Andalous vers la région de Rabat-Salé-Zemmour-Zaer a eu lieu en 1610. L'arbre phylogénétique établi à partir des fréquences alléliques (figure 2) explicite fidèlement cette structure avec toujours une population de Rabat-Salé-Zemmour-Zaer plus proche des populations Nord-Méditerranéennes.

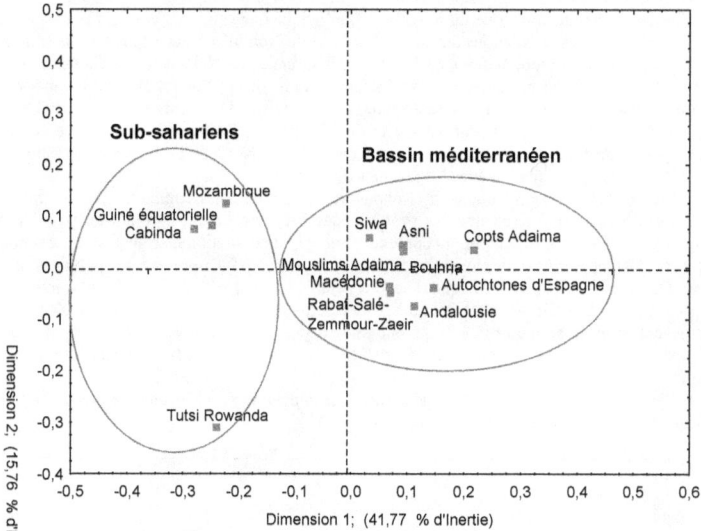

Figure 1. Analyse en composantes principales des 15 STRs chez la population arabophone de Rabat-Salé-Zemmour-Zaer à l'échelle Afro-Méditerranéenne
Figure 1. Principal components analysis of the 15 STRs in the Arabic-speaking population of Rabat-Salé-Zemmour-Zaer in the Afro-Mediterranean context

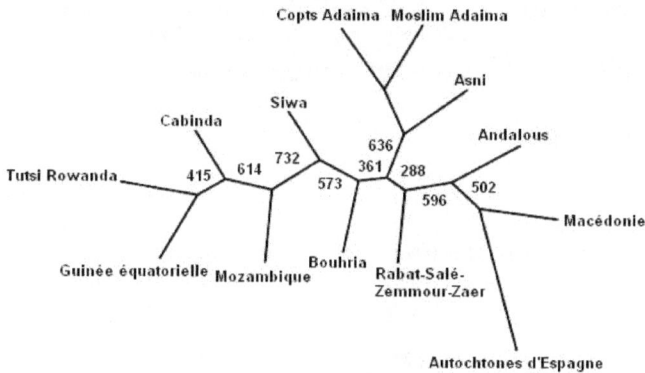

Figure 2. Arbre phylogénétique des 15 STRs chez la population arabophone de Rabat-Salé-Zemmour-Zaer à l'échelle Afro-Méditerranéenne
Figure 2. Phylogenetic tree of the 15 STRs in the Arabic-speaking population of Rabat-Salé-Zemmour-Zaer in the Afro-Mediterranean context

La figure 3 présente le résultat de l'analyse en composantes principales effectuée après l'introduction des fréquences alléliques de 18 autres populations dans le cadre d'une étude à l'échelle mondiale. Les deux premiers axes du graphique représentent 54,88% de la variance totale. A l'issue de cette analyse on assiste à une structure plus ou moins différente de celle établie à l'échelle régionale. Cette restructuration traduit, en effet, l'impact de l'alternance historique des différentes affinités génétiques qui ont eu lieu entre les différentes populations mondiales. Cette alternance elle-même étant le fruit des remaniements de la carte socioculturelle, économique et géopolitique du monde, ainsi que du progrès technologique que celui-ci a connu. En considérant les grands groupes, les populations du Moyen Orient et du Nord d'Afrique occupent une situation centrale par rapport aux populations de l'Asie de l'Est, celles du Nord de la méditerranée et de l'Amérique latine, et des populations sub-sahariennes. Cette disposition reflète l'importance de la proximité géographique et culturelle (notamment la religion). C'est le cas de l'inde, du Bangladesh, des Andalous, du Porto-Rico et du Mozambique qui témoignent d'une certaine affinité par rapport aux populations du Moyen Orient et du Nord de l'Afrique. Cette structure concorde, en effet, parfaitement avec les résultats de Coudray (2006).

En considérant les populations, la population de Rabat-Salé-Zemmour-Zaer occupe une position centrale et semble retrouver sa position équilibrée après avoir introduit les populations mondiales. En effet, contrairement au contexte régional, la population de Rabat-Salé-Zemmour-Zaer s'est détachée des populations Nord-Méditerranéennes pour rejoindre les populations du Moyen Orient et du Nord de l'Afrique. L'ancienneté de l'effet fondateur joue un rôle important dans ce repositionnement. En effet, les arabes fondateurs de la population Rabat-Salé-Zemmour-Zaer ne sont autres que les musulmans qui ont migré depuis le Moyen Orient pour s'installer dans la région de Rabat-Salé-Zemmour-Zaer avant 1150, soit environ cinq siècle avant l'arrivée des réfugiés musulmans de l'Andalousie. L'arbre phylogénétique établi confirme la structure révélée lors de l'analyse en composantes principales, avec les populations du Moyen Orient et du Nord de l'Afrique toujours en position intermédiaire (Figure 4).

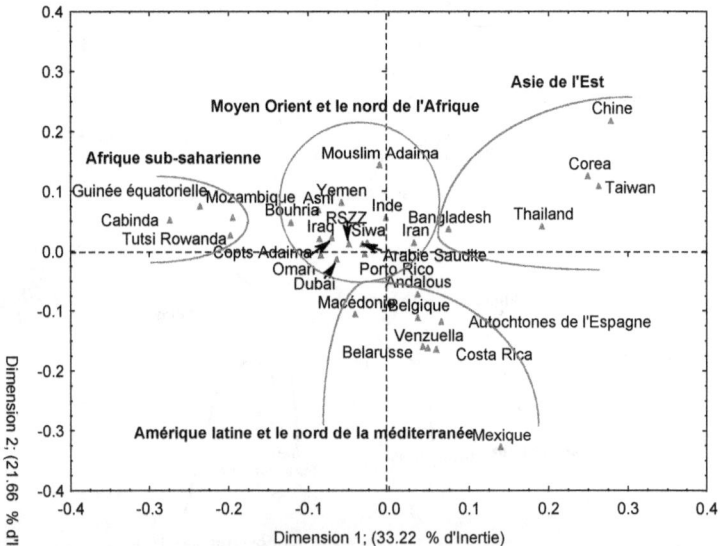

Figure 3. Analyse en composantes principales des 15 STRs chez la population arabophone de Rabat-Salé-Zemmour-Zaer à l'échelle mondiale

Figure 3. Principal components analysis of the 15 STRs in the Arabic-speaking population of Rabat-Salé-Zemmour-Zaer in the Worldwide context

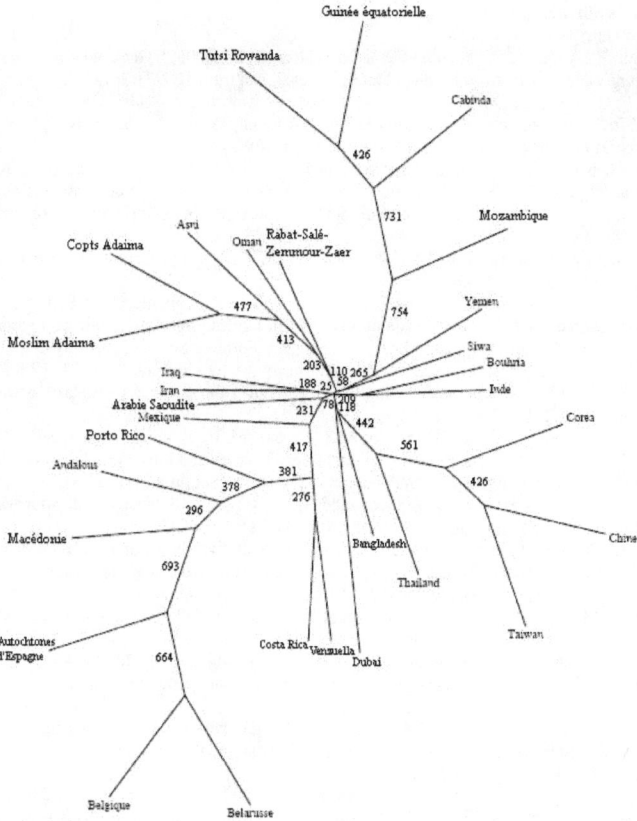

Figure 4. Arbre phylogénétique des 15 STRs chez la population arabophone de Rabat-Salé-Zemmour-Zaer à l'échelle mondiale

Figure 4. Phylogenetic tree of the 15 STRs in the Arabic-speaking population of Rabat-Salé-Zemmour-Zaer in the Worldwide context

Conclusion

Le substratum génétique de la population Rabat-Salé-Zemmour-Zaer présente une continuité par rapport à ceux de la population des Andalous, les populations du Moyen Orient et les populations Nord-Africaines. Ce rapprochement s'inscrit dans un contexte historique et géopolitique pour la population des Andalous (récupération de l'Andalousie par l'Espagne), dans un contexte historique et culturel pour les populations du Moyen Orient (Invasions « Al-Fotouhat » islamiques) et dans un cadre géographique et culturel pour les populations du Nord de l'Afrique (Partage du milieu). Par ailleurs, au-delà de leur usage en criminalistique, les 15 STRs exploités dans la présente étude prouvent, encore une fois leur utilité et fiabilité dans l'établissement des structures génétiques des populations à travers l'étendu important de leur polymorphisme.

Références bibliographiques
Addinsoft, http://www.xlstat.com
Alshamali, F., Alkhayat, A.Q., Budowle, B. et Watson, N.D., 2005, STR population diversity in nine ethnic populations living in Dubai. Forensic Sci Int. 152(2-3), 267-279.
Alves, C., Gusmao, L., Damasceno, A., Soares, B., et Amorim, A., 2004, Contribution for an African autosomic STR database (AmpF/STR Identifiler and Powerplex 16 System) and a report on genotypic variations. Forensic Sci Int. 139(2-3), 201-205.
Alves, C., Gusmao, L., Ana Lopez-Parra M., Soledad Mesa, M., Antonio Amorim, A. et Arroyo-Pardob, E., 2005, STR allelic frequencies for an African population sample (Equatorial Guinea) using AmpFlSTR Identifiler and Powerplex 16 kits Forensic Science International 148, 239–242.
Applied Biosystems, 2001, AmpF1 STR® IdentifilerTM PCR Amplification Kit User's Manual, Foster City, CA, P/N 4323291.
Barni, F., Berti, A., Pianese, A., Boccellino, A., Miller, M.P., Caperna, A. et Lago, G., 2007, Allele frequencies of 15 autosomal STR loci in the Iraq population with comparisons to other populations from the middle-eastern region. Forensic Sci. Int., 167, 87–92.
Beleza, S., Alves, C., Reis, F., Amorim, A., Carracedo, A. et Gusmao, L., 2004, 17 STR data (AmpF/STR Identifiler and Powerplex 16 System) from Cabinda (Angola). Forensic Sci Int. 141(2-3), 193-196.
Bernal, LP., Borjas, L., Zabala, W., Portillo, MG., Fernandez, E., Delgado, W., Tovar, F., Lander, N., Chiurillo, MA., Ramirez, JL. et Garcia, O., Genetic variation of 15 STR autosomal loci in the Maracaibo population from Venezuela, Forensic Sci Int. 161(1) 60-63.
Calafell, F., Perez-Lezaun, A. et Bertranpetit, J., Genetic distances and microsatellite diversification in humans. Hum Genet. 2000. 106(1): 133-134.
Coudray C., 2006, Histoire génétique et évolution des populations berbérophones nord-africaines, Thèse de Doctorat, Centre d'Anthropologie, Université Toulouse III-Paul Sabatier.
Coudray, C., Guitard, E., Keyser-Tracqui, C., Melhaoui, M., Cherkaoui, M., Larrouy, G. et Dugoujon, J.M., 2007, Population genetic data of 15 tetrameric short tandem repeats (STRs) in Berbers from Morocco, Forensic Sci. Int., 167, 81-86.
Coudray, C, Guitard, E., El-Chennawi, F., Larrouy, G., Dugoujon, J.M., 2007 Allele frequencies of 15 short tandem repeats (STRs) in three Egyptian populations of different ethnic groups, Forensic Sci. Int., 169, 260-265.
Coudray, C., Calderon, R., Guitard, E., Ambrosio, B., Gonzalez-Martın, A. et Dugoujon, JM., 2007, Allele frequencies of 15 tetrameric short tandem repeats (STRs) in Andalusians from Huelva (Spain), Forensic Sci. Int., 168, 21-24.
Decorte, R., Engelen, M., Larno, L., Nelissen, K., Gilissen, A. et Cassiman, JJ., 2004, Belgian population data for 15 STR loci (AmpFlSTR SGM Plus and AmpFlSTR profiler PCR amplification kit), Forensic Sci Int. 139 (2-3), 211-213.
El Ossmani, H., Bouchrif, B., Talbi, J., El Amri, H. et Chafik, A., 2007, La diversité génétique de 15 STR chez la population arabophone de Rabat-Salé-Zemmour-Zaer, Antropo, 15, 55-62. www.didac.ehu.es/antropo.
Felsenstein, J., 2007: Phylogeny Inference Package (PHYLIP) version 3.67, Departement of Genome Sciences and Departement of Biology, University of Washington, Seattle, WA, USA.
Gorostiza, A., Gonzalez-Martın, A., Lopez Ramırez, C., Sanchez, C., Barrot, C., Ortega, M., Huguet, E., Corbella, J. et Gené, M., 2007, Allele frequencies of the 15 AmpF/Str Identifiler loci in the population of Metztitla´n (Estado de Hidalgo), México Forensic Sci. Int., 166, 230–232.
Havas, D., Jeran, N., Efremovska, L., _orpevic, D. et Rudan, P., 2007, Population genetics of 15 AmpflSTR Identifiler loci in Macedonians and Macedonian Romani (Gypsy), Forensic Sci. Int., 173 (2-3), 220-224.
Hima Bindu, G., Trivedi, R. et Kashyap V.K., 2007, Allele frequency distribution based on 17 STR markers in three major Dravidian linguistic populations of Andhra Pradesh, India Forensic Sci. Int., 17, 76–85.

Kim, YL., Hwang, JY., Kim, YJ., Lee, S., Chung, NG., Goh, HG., Kim, CC. et Kim, DW., 2003, Allele frequencies of 15 STR loci using AmpF/STR Identifiler kit in a Korean population. Forensic Sci. Int., 136, 92–95.

Manuel, V., Camacho, Benito, C. et Figueiras, A.M., 2007, Allelic frequencies of the 15 STR loci included in the AmpFlSTR1 IdentifilerTM PCR Amplification Kitin an autochthonous sample from Spain, Forensic Sci. Int., 173 (2-3), 241-245.

Reba_a, K., Wysocka, J., Kapinska, E., Cybulska, L., Mikulich, A.I., Tsybovsky, I.S., et Szczerkowska, Z., 2007, Belarusian population genetic database for 15 autosomal STR loci, Forensic Sci. Int., 173 (2-3), 235-237.

Regueiro, M,. Carril, J.C., Pontes, M.L., Pinheiro, M.F., Luis, J.R., et Caeiro, B., 2004, Allele distribution of 15 PCR-based loci in the Rwanda Tutsi population by multiplex amplification and capillary electrophoresis. Forensic Sci Int. 143(1), 61-63.

Rerkamnuaychoke, B., Rinthachai, T., Shotivaranon, J., Jomsawat, U., Siriboonpiputtana, T., Chaiatchanarat, K., Pasomsub, E. et Chantratita, W., 2006, Thai population data on 15 tetrameric STR loci-D8S1179 D21S11 D7S820 CSF1PO D3S1358 TH01 D13S317 D16S539 D2S1338 D19S433 vWA TPOX D18S51 D5S818 and FGA. Forensic Sci. Int., 158(2-3), 234-237.

Rodriguez, A., Arrieta, G., Sanou, I., Vargas, M.C., Garcia, O., Yurrebaso, I., Pérez, J.A., Villalta, M. et Espinoza, M., 2007, Population genetic data for 18 STR loci in Costa Rica, Forensic Sci. Int., 168, 85–88.

Rosenberg, NA., Pritchard, JK., Weber, JL., Cann, HM., Kidd, KK., Zhivotovsky, LA. et Feldman, MW., 2002, Genetic structure of human populations. Science., 298 (5602), 2381-2385.

Shepard, E.M. et Herrara, R.J., 2006, Iranian STR variation at the fringes of biogeogrophical demarcation, Forensic Sci. Int., 158, 140-148.

Talbi, J., Khadmaoui, A., Soulaymani, A. et Chafik, A. 2006, Caractérisation du comportement matrimonial de la population marocaine. Antropo, 13, 57-67. www.didac.ehu.es/antropo.

Talbi, J., Khadmaoui, A., Soulaymani, A. et Chafik, A. E. A., 2007, Etude de la consanguinité dans la population marocaine. Impact sur le profil de la santé, Antropo, 15, 1-11. www.didac.ehu.es/antropo.

Verrier E., Rognon X., Laloë D. et Rochambeau H., 2005, Ethnozootechnie 76, 67-82.

Wang, CW., Chen, DP., Chen, CY., Lu, SC. et Sun CF., 2003, STR data for the AmpFlSTR SGM Plus and Profiler loci from Taiwan, Forensic Sci. Int., 138, 119–122.

Yang, B., Wang, G., Liu, Y. et Yang, W., 2005, Population data for the AmpFl STR Identifiler PCR Amplification Kit in China Han in Jilin Province China. Forensic Sci Int. 151(2-3), 293-297.

Zuniga, J., Ilzarbe, M., Acunha-Alonzo, V., Rosetti, F., Herbert, Z., Romero, V., Almeciga, I., Clavijo, O., Stern, J.N.H., Granados, J., Fridkis-Hareli, M., Morrison, P., Azocar, J. et Yunis E.J., 2006, Allele frequencies for 15 autosomal STR loci and admixture estimates in Puerto Rican Americans. Forensic Sci Int. 164, 266–270.

Lebanese Science Journal, Vol. 9, No. 1, 2008

ETUDE DU POLYMORPHISME DES GROUPES SANGUINS, (ABO, SS, RHESUS ET DUFFY) CHEZ LA POPULATION ARABOPHONE DU PLATEAU DE BENI MELLAL

H. El Ossmani, B. Bouchrif [1], K. Glouib[2], D. Zaoui[2], H. El Amri et A. Chafik[2]

Laboratoire de Génétique, Gendarmerie Royale, Rabat, Maroc
[1]Laboratoire de Biologie et Biologie Moléculaire, Institut Pasteur, 1 place Louis Pasteur,
Casablanca, Maroc
[2]Laboratoire de Génétique, Anthropologie et Biostatistique, Département de Biologie, Faculté
des Sciences, Université Chouaïb Doukkali, El Jadida, Maroc
helossmani@yahoo.fr

(Received 19 May 2007 - Accepted 7 November 2007)

RESUME

La présente étude s'intéresse à la caractérisation anthropogénétique de la population arabe habitant le plateau de Beni Mellal qui sépare les populations berbères du Moyen Atlas et les populations arabes du Maroc méridional. L'analyse des marqueurs des groupes sanguins ABO, Rhésus, Ss et Duffy sur des échantillons de 131 individus a permis de mettre en évidence que cette population présente les fréquences les plus élevées des allèles FyO (0.86) et s (0.524) par rapport à toutes les autres populations arabes et berbères de l'Afrique du Nord et du Moyen Orient. Cependant, l'estimation des distances génétiques pour l'ensemble des quatre marqueurs analysés, montre que cette population, ainsi que la population arabe marocaine de Beni Hlal se situent dans un sous cluster qui les regroupe avec les populations du Moyen-Orient, ce qui pourrait expliquer une origine orientale de ces deux populations. De plus, les coefficients de diversité génétique de Reynolds montrent une plus grande diversité intra région qui met en évidence l'importance de la dérive génétique comme facteur principal de micro différenciation.

Mots clés : population, marqueurs sanguins, diversité génétique

ABSTRACT

The present study deals with anthropogenetic profile of the Arab speaking population of the Beni Mellal region which separates areas inhabited by Mid-Atlas Berbers from those inhabited by Soth-Morroccan Arabs. The study of blood groups ABO, Rhesus, Ss, and Duffy was conducted on 131 individuals. The result shows that this population has the highest frequencies of the FyO allele (0.860) and s allele (0.524) in comparison to all Arab and Berber populations of North Africa and the Middle East. However genetic distances estimated on the basis of these four markers reveal that the population of Beni Mellal and another in the Beni Hlal region are in the same sub-cluster with populations from the Middle East. This may be attributed to the Oriental Arab ("Machrek") origin of these two Moroccan Arab populations.

The estimation of Reynolds diversity coefficients shows that diversity within-region is more important than that of the between-regions, which indicates the principal role of genetic drift in micodifferentiation.

Keywords: blood markers, genetic diversity, polymorphism

INTRODUCTION

Les groupes sanguins sont des marqueurs génétiques classiques, présentant un grand degré de polymorphisme, ce qui leur donne un intérêt particulier dans les études de micro différentiation et l'histoire migratoire des peuplements.

Dans ce contexte, plusieurs études ont été réalisées sur différentes populations arabes et berbères de différentes régions du Maroc dans le but de caractériser anthropogénétiquement chacune de ces populations et d'établir des distances génétiques par rapport aux autres populations des deux rives de la Méditerranée (Kandil *et al*., 1998; Harich *et al*., 2002 ; El Ossmani, 2002 ; Chafik *et al*., 2003).

Dans ce cadre la présente étude se fixe comme substratum, la population arabophone du plateau de Beni Mellal qui sépare les populations berbères du Moyen Atlas et les populations arabes de la plaine du Tadla et de la Chaouia afin d'essayer de retracer l'histoire des échanges génétiques dans cette région. Un deuxième objectif vise à réaliser une étude comparative, avec les populations arabes et berbères de l'Afrique du Nord, ainsi qu'avec des populations du Moyen Orient afin d'évaluer la diversité génétique à l'échelle de cette région et estimer les distances génétiques entre ces différentes populations.

MATERIEL ET METHODES

La présente étude a été réalisée sur un échantillon de 131 individus sélectionnés dans la région de Beni Mellal, selon les recommandations du programme HUGO (Human Genome Diversity Program). Ces individus sont arabophones, apparemment sains, non apparentés et avec des arrières-grands-parents paternels et maternels issus de la région de Beni Mellal (Figure 1). Une fiche de consentement préalable a été signée par tous les participants.

Après prélèvement de 10 ml de sang par individu, des anticorps appropriés ont été utilisés dans les quarante huit heures afin de déterminer les différents groupes sanguins.

Les fréquences alléliques ont été estimées par le comptage direct des phénotypes en appliquant la méthode du maximum de vraisemblance (MAXLIK).

Pour l'équilibre de Hardy Weinberg, on a utilisé. Le programme bioinformatique BIOSYS-1.7 (1989). Le test χ^2 a été utilisé pour comparer les fréquences absolues observées aux fréquences théoriques.

Afin de quantifier le degré de diversité génétique entre les différentes populations introduites dans cette étude, le test statistique Fst de Wright (Wright, 1978) fut utilisé ; l'estimation des distances génétiques et l'élaboration du dendrogramme ont été effectuées par le pacquage du programme PHYLIP3.5 C.

Pour le degré du signification du test χ^2 :
P>0.05 : une différence non significative (NS)
P<0.05 : une différence significative (*)
P<0.01 : une différence hautement significative (**)
P<0.001 : une différence très hautement significative (***)

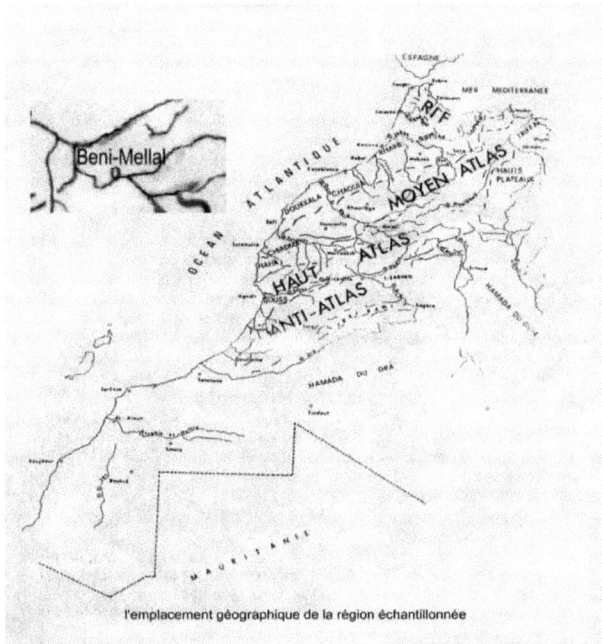

l'emplacement géographique de la région échantillonnée

Figure 1. La carte du Maroc et la position de la région de Beni Mellal.

RESULTATS ET DISCUSSION

Les fréquences des allèles A, B et O sont représentées sur le Tableau 1, elles sont respectivement de 0.225, 0.073 et 0.698.

Ceci montre qu'en général, la population arabophone de Béni Mellal ne présente pas de différences significatives avec les populations arabes et berbères de l'Afrique du Nord.

Des différences significatives ont été trouvées par rapport à la population arabe du Doukkala (7.824*) ainsi que celle de Tizi-Ouzou en Algérie (11.270**). Par rapport aux populations du Moyen-Orient, des différences significatives ont été retrouvées avec la population de la Jordanie et du Koweït, mais pas par rapport à celle du Yémen (Tableau 1).

Les fréquences des haplotypes Rhésus sont représentées sur le Tableau 2. Elles révèlent que la population arabophone de Béni Mellal présente des différences très hautement significatives par rapport à la majorité des autres populations aussi bien Nord Africaines, Beni Hlal et Moyen Atlas, qu'à certaines populations moyen-orientales telles que celle de l'Arabie Saoudite.

Ceci témoigne de la grande diversité de ce marqueur à l'échelle de cette région comme décrit par (Harich *et al.*, 2002).

Les résultats des comparaisons des fréquences alléliques du système Duffy (Tableau 3) montrent que la population arabophone de Béni Mellal se caractérise par une fréquence élevée de l'allèle FyO 0.860. Cette situation la rapproche beaucoup plus des populations du Moyen Orient (Yémen, Koweït, Arabie Saoudite) que de celles de l'Afrique du Nord. Cependant, la population du Sous au sud du Maroc se détache des populations berbères et se montre plus proche de celles du Moyen Orient.

TABLEAU 1

Comparaison de la Distribution des Fréquences Alléliques du Système ABO de la Population Arabophone de Béni Mellal avec Celles des Populations de l'Afrique du Nord et du Moyen Orient

Populations	N	ABO*A	ABO*B	ABO*O	χ^2	Références
Beni-Mellal	131	0.225	0.073	0.698	-----------	Présente étude
Doukkala	101	0.173	0.149	0.678	7.824 *	Kandil, 1999
BeniHlal	101	0.232	0.124	0.644	0.980 NS	Aisser, 2005
Ouarzazate	100	0.159	0.097	0.744	0.630 NS	Errahaoui , 2002
Sous	103	0.159	0.097	0.744	1.240 NS	Chadli, 2002
Rif	110	0.142	0.090	0.668	1.030 NS	Afkir, 2005
Moyen Atlas	140	0.193	0.111	0.700	2.820 NS	Harich *et al.*, 2002
Tizi-Ouzo	254	0.169	0.150	0.681	11.270 **	Ruffie *et al.*, 1966
Oran	158	0.212	0.105	0.682	1.830 NS	Auzas, 1957 (1)
Alger	595	0.225	0.119	0.656	0.240 NS	Ruffie *et al.*, 1966 (1)
Libye	168	0.226	0.131	0.643	5.454 NS	Walter *et al.*, 1975
Egypte (Caire)	516	0.269	0.211	0.520	35.436 ***	Matta, 1937
Yemen	164	0.146	0.075	0.761	0.540 NS	Tills *et al.*, 1977 (1)
Jordanie	188	0.181	0.128	0.691	6.006 *	Nabulsi *et al.*, 1997
Koweït	162	0.173	0.127	0.701	6.153 *	Sawhney *et al.*, 1984 (1)
Arabie-saoudite	210	0.162	0.126	0.712	7.914 *	Saha *et al.*, 1980
Turquie	876	0.288	0.132	0.580	2.540 NS	Attasoy *et al.*, 1995 (1)

(1) Cité par Moral (1986)

TABLEAU 2

Comparaison de la Distribution des Fréquences Alléliques du Système Rhésus de la Population Arabophone de Béni Mellal avec Celles des Populations de l'Afrique du Nord et du Moyen Orient

Populations	N	CDE	CDe	cDE	cDe	CdE	Cde	cdE	cde	χ²	Références
Beni-Mellal	131	0.000	0.382	0.076	0.225	0.000	0.065	0.073	0.179	-----------	Présente étude
Doukkala	101	0.005	0.337	0.124	0.124	0.000	0.069	0.015	0.292	21.549 **	Kandil, 1999
Beni Hlal	80	0.028	0.346	0.022	0.185	0.000	0.046	0.049	0.324	22.760***	Aisser, 2005
Moyen Atlas	108	0.051	0.306	0.079	0.222	0.009	0.028	0.019	0.282	33.881 ***	Harich et al., 2002
Ouarzazate	100	0.022	0.168	0.103	0.253	0.000	0.118	0.016	0.320	35.752 ***	Errahaoui, 2002
Sous	86	0.014	0.284	0.0075	0.246	0.000	0.116	0.000	0.265	26.352 ***	Chadli, 2002
Rif	73	0.000	0.486	0.096	0.216	0.000	0.000	0.000	0.202	23.14 ***	Afkir, 2005
Alger	315	0.000	0.441	0.098	0.198	0.000	0.012	0.000	0.251	31.227 ***	Aireche & Benbadji, 1988
Oran	87	0.002	0.352	0.114	0.239	0.000	0.017	0.000	0.278	24.682 ***	Aireche & Benbadji, 1988
Tizi-Ouzou	467	0.002	0.434	0.084	0.182	0.000	0.018	0.004	0.277	76.881 ***	Aireche & Benbadji, 1988
Libye	168	0.000	0.411	0.134	0.110	0.000	0.009	0.009	0.330	59.608 ***	Walter et al., 1975 (1)
Egypte	720	0.000	0.463	0.140	0.234	0.000	0.005	0.000	0.157	172.053***	El Dewi, 1951 (1)
Jordanie	188	0.013	0.306	0.234	0.128	0.000	0.000	0.000	0.322	101.12 ***	Nabulsi et al., 1997
Arabie saoudite	103	0.010	0.388	0.175	0.107	0.000	0.000	0.000	0.320	59.034 ***	Marengo-Row et al., 1974
Yémen	254	0.004	0.447	0.140	0.146	0.000	0.008	0.000	0.258	77.018 ***	Tills et al., 1977
Turquie	108	0.000	0.481	0.171	0.014	0.000	0.014	0.000	0.319	85.063 ***	Aksoy et al., 1958(1)

(1) Cité par Moral (1986)

TABLEAU 3

Comparaison de la Distribution des Fréquences Alléliques du Système Duffy de la Population Arabophone de Béni Mellal avec Celles des Populations de l'Afrique du Nord et du Moyen Orient

Populations	N	Fy*a	Fy*b	Fy*o	χ^2	Références
Beni-Mellal	112	0.049	0.085	0.860	---------------	Présente étude
Doukkala	101	0.332	0.198	0.465	81.377 ***	Kandil, 1999
Beni Hlal	81	0.235	0.219	0.546	50.460 ***	Aisser, 2005
Berbères Sous	93	0.163	0.195	0.642	23.120 **	Errahaoui, 2002
Berbères Rif	79	0.219	0.456	0.325	119.000 ***	Afkir, 2005
Moyen Atlas	140	0.432	0.386	0.182	234.171 ***	Harich *et al.*, 2002
Alger	295	0.269	0.446	0.286	221.133 ***	Aireche & Benbadji, 1988
Tlemcen	136	0.320	0.438	0.243	191.567 ***	Aireche & Benbadji, 1988
Tizi-Ouzou	467	0.340	0.513	0.147	458.064 ***	Aireche & Benbadji, 1988
Oran	87	0.299	0.414	0.287	138.438 ***	Aireche & Benbadji, 1988
Egypte	200	0.270	0.360	0.373	142.001 ***	Mourant *et al.*, 1976
Libye	169	0.391	0.299	0.311	168.728 ***	Walter *et al.*, 1975 (1)
Jordanie	278	0.329	0.351	0.351	191.270 ***	Mourant *et al.*, 1976
Koweït	162	0.173	0.127	0.700	7,850 *	Cité par Harich *et al.*, 2002
Yémen	236	0.106	0.125	0.769	9.571 *	Mourant *et al.*, 1976
Arabie-saoudite	243	0.105	0.121	0.774	8.972 *	Morengo-Rowe *et al.*, 1974 (1)

(1) Cité par Moral (1986).

Par ailleurs, les fréquences des allèles du système Ss, sont rapportées sur le Tableau 4. On remarque que la population arabophone de Béni Mellal et la population berbère du Sous présentent respectivement les fréquences les plus élevées de l'allèle S (*0.55*) par rapport à toutes les populations arabes et berbères d'Afrique du Nord. De plus, malgré des fréquences relativement élevées observées chez les populations du Moyen Orient, les différences n'ont pas été significatives avec celles qui ont été observées.

TABLEAU 4

Comparaison de la Distribution des Fréquences Alléliques du Système Ss de la
Population Arabophone de Béni Mellal avec Celles des Populations de l'Afrique du
Nord et du Moyen Orient

Population	N	Ss*S	Ss*s	χ^2		Références
Beni Mellal	105	0.524	0.476	-----------------		Présente étude
Doukkala	101	0.367	0.733	28.268	***	Kandil, 1999
Beni Hlal	66	0.477	0.523	8.64	*	Aisser, 2005
Moyen Atlas	140	0.325	0.675	19.604	***	Harich *et al.*, 2002
Sous	93	0.545	0.455	0.23	NS	Chadli, 2002
Berbère du Rif	61	0.303	0.697	17.25	***	Afkir, 2005
Berbère d'Ouarzazate	46	0.171	0.829	34.21	***	Errahaoui, 2002
Oran	87	0.308	0.692	17.979	***	Aireche & Benbadji, 1990
Tizi-Ouzou	467	0.276	0.724	48.162	***	Aireche & Benbadji, 1990
Libye	168	0.327	0.673	20.726	***	Walter *et al.*, 1975 (1)
Egypte	144	0.299	0.701	25.805	***	Donegani *et al.*, 1955 (1)
Koweït	159	0.274	0.726	33.857	***	Sawhney *et al.*, 1984 (1)
Arabie-saoudite	261	0.454	0.546	2.925	NS	Morengo-Row *et al.*, 1974 (1)
Jordanie	188	0.418	0.582	6.134	*	Nabulsi *et al.*, 1997
Yémen	254	0.453	0.547	3.009	NS	Tills *et al.*, 1977

(1) Cité par Moral (1986).

L'estimation des coefficients de la diversité génétique montre que le système le plus informatif est celui relatif au groupe Duffy (avec un coefficient de 0.214), suivi des groupes Ss et ABO. Par contre le système Rhésus présente la diversité la plus faible (avec un coefficient de 0.021) (Tableau 5). De plus, la diversité à l'intérieur d'une même région a été toujours plus élevée que celle entre les régions pour les quatre marqueurs étudiés. Ceci explique alors l'importance des variations génétiques au sein même des populations berbères et arabes prises séparément. Les résultas obtenus sont en accord avec ceux rapportés par,

Aireche & Benbadji (1990), Kandil (1999) et Harich *et al*., (2002). Ces auteurs ont rapporté également une plus grande diversité génétique du système Duffy.

TABLEAU 5

Comparaison des Coefficients de Diversité Génétique en Fonction du Système Etudié (Fst)

Système	Coefficients		
	F Intra-région	F Inter-région	F Total
ABO	0.044	0.001	0.045
Ss	0.040	0.002	0.042
Duffy	0.122	0.092	0.214
Rhésus	0.016	0.005	0.021

L'estimation des distances génétiques entre la population étudiée et les autres (Tableau 6), montre que la population de Beni Mellal présente les distances les plus faibles par rapport à celles de l'Arabie Saoudite et du Yémen, avec des valeurs de 89.10^{-4} et 185.10^{-4} respectivement. De plus, les distances les plus élevées ont été observées par rapport, aux populations algériennes avec des valeurs de 1856.10^{-4}, 1269.10^{-4} et 1227.10^{-4} pour les populations arabes d'Oran, berbères de Tizi-Ouzou et arabes d'Alger respectivement. Pour le reste des populations arabes et berbères d'Afrique du Nord, les distances génétiques montrent des valeurs intermédiaires.

Après l'élaboration du dendrogramme à partir des résultats obtenus pour les groupes sanguins ABO, Rhésus, Duffy et Ss, rapporté sur la Figure 2.

On remarque que la population de Beni Mellal se situe dans un sous-groupe avec les populations du Moyen Orient. Ceci justifie sa proximité à ces populations et en particulier celles de l'Arabie Saoudite et du Yémen. La population berbère du Sous est également située à proximité de ce sous-groupe. Cela peut être expliqué par une origine commune du pool génique relatif à ces marqueurs sanguins chez ces populations.

De même, on note que les populations marocaines arabes de Doukkala et Béni Hlal, ainsi que la population berbère d'Ouarzazate occupent une position intermédiaire entre les populations du Moyen-Orient et celles de l'Afrique du Nord, ce qui pourrait être expliqué par leur origine métissée à partir de ces deux groupes. Enfin, on remarque que la population berbère du Moyen Atlas et les populations arabes et berbères algériennes, sont situées dans le même sous-groupe, ce qui témoignerait de leur grandes affinités génétiques vraisemblablement dues à la proximité géographique. Ces résultats sont en accord avec ceux qui sont rapportés par Aisser en 2005 qui a estimé des faibles distances entre les populations arabes de Beni Hlal et du Moyen-Orient. Ceci laisse supposer que ces populations ont probablement une origine historique orientale.

Lebanese Science Journal, Vol. 9, No. 1, 2008

TABLEAU 6

Les Distances Génétiques de Reynolds

Populations	2	3	4	5	6	7	8	9	10	11	12	13	14	15	16	17
Beni-Mellal 1	0.0944	0.0251	0.1227	0.1856	0.1605	0.0908	0.0432	0.1269	0.1307	0.1236	0.1116	0.0185	0.0345	0.0571	0.0089	0.0432
Ouarzazate 2		0.0677	0.0732	0.0993	0.0774	0.0223	0.0524	0.0563	0.0689	0.0612	0.0616	0.0714	0.0441	0.0428	0.0689	0.0491
Berbère du Sous 3			0.0754	0.1143	0.0874	0.0509	0.0136	0.0673	0.0757	0.0692	0.0740	0.0232	0.0226	0.0559	0.0144	0.0651
Berbère du Rif 4				0.0157	0.0257	0.0321	0.0448	0.0078	0.0023	0.0196	0.0121	0.0898	0.0740	0.0658	0.0886	0.0644
Tiizi Ouzo 5					0.0120	0.0461	0.0737	0.0109	0.0081	0.0214	0.0301	0.1408	0.1135	0.1077	0.1413	0.1053
Moyen Atlas 6						0.0313	0.0530	0.0084	0.0148	0.0133	0.0334	0.1191	0.0907	0.0988	0.1199	0.0971
Doukkala 7							0.0264	0.0204	0.0262	0.0137	0.0259	0.0516	0.0318	0.0289	0.0577	0.0301
Beni Hlal 8								0.0381	0.0423	0.0326	0.0409	0.0295	0.0214	0.0358	0.0236	0.0383
Oran 9									0.0030	0.0102	0.0166	0.0908	0.0657	0.0700	0.0892	0.0687
Alger 10										0.0116	0.0119	0.0942	0.0730	0.0686	0.0935	0.0656
Lybie 11											0.0213	0.0783	0.0552	0.0563	0.0854	0.0481
Egypte 12												0.0842	0.0636	0.0606	0.0803	0.0493
Yemen 13													0.0125	0.0242	0.0062	0.0349
Jordanie 14														0.0266	0.0145	0.0246
Koweit 15															0.0330	0.0124
Arabie Saoudite 16																0.0446
Turquie 17																

```
     +Moyen Atlas    0.1605
   +-11
 +-12 +Tizi-Ouzou    0.1856
 ! !
 ! +Oran    0.1269
 !
-15+Alger    0.1307
 !
 !                        +-Beni Mellal
 !                      +--1
 !                        +--2 +Arabie Saoudite   0.0089
 !                        ! !
 !                      +--3 +Yemen    0.0185
 !                        ! !
 !                     +--4 +Sous    0.0251
 !                      ! !
 !                  +--6 +Jordanie    0.0345
 !                   ! !
 !                   ! ! +Beni Hlal    0.0432
 !                 +--7 +--5
 !                   ! !   +Turquie    0.0432
 !               +--8 !
 !               ! ! + Kouweit    0.0571
 !             +--9 !
 !             ! ! + Doukkala    0.0908
 !           +-10 !
 !           ! ! + Ouarzazate    0.0944
 ! +-13 !
 ! ! ! + Egypte    0.1116
 +-14 !
    ! + Rif    0.1227
    !
    !- --+ Libye    0.1236
```

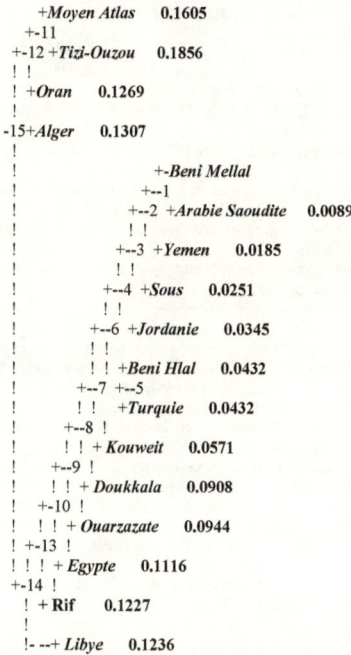

Figure 2. Dendrogramme de la population arabophone de Beni Mellah étudiée, vis-à-vis des populations observées en utilisant les groupes sanguins.

CONCLUSION

Les résultats de cette analyse permettent de conclure que la population arabophone de Beni Mellal présente les distances génétiques les plus faibles vis à vis des populations du Moyen-Orient et en particulier celles de l'Arabie Saoudite et du Yémen, ce qui indiquerait leur origine probable de cette région. Cela est essentiellement dû aux fréquences relativement élevées des allèles Fy O et s qui caractérisent les populations arabes orientales telle que présenté par Cavali-Sphorza en 1994. L'analyse des coefficients de diversité génétique montre que les populations berbères marocaines et algériennes présentent une grande hétérogénéité génétique, exprimée par le degré élevé de la diversité intra-région. Ceci laisse supposer que l'effet de la dérive génétique et celui des effets fondateurs ont été à l'origine d'une amplification des phénomènes de micro différentiation à l'échelle régionale.

REFERENCES

Afkir, A. 2005. *Etude anthropogénétique de la population berbère du Rif, région d'Al Hoceima.* Mémoire de DESA, sciences anthropogénétiques et biodémographiques, Faculté des Sciences, El Jadida.

Aireche, H. and Benabadji, M., 1990. Kidd and MNSs gene frequencies in Algeria. *Gene Geogr.*, 4: 1-8.

Aireche, H. and Benabadji, M. 1988. Rh and Duffy gene frequencies in Algeria. *Gene Geogr.*, 2 : 1-8.

Aisser, H. 2005. *Etude anthropologique de la population arabe de Beni Hlal dans la région du Doukkala. Caractérisation des groupes sanguins et des dermatoglyphes.* Mémoire de DESA, sciences anthropogénétiques et biodémographiques, Faculté des Sciences, El Jadida.

Auzas, C. 1957. Etude ethnologique et sérologique. *Bull. et Mem. de la Soc. d'Ant. de Paris*, T. 8, 10ème série, pp : 329-340.

Chadli, I. 2002. *Caractérisation anthropologique de la population berbère du Sous. Etude des groupes sanguins et des dermatoglyphes.* Mémoire de DESA, sciences anthropogénétiques et biodémographiques, Faculté des Sciences, El Jadida.

Chafik, A. et El ossmani, H. 2003. Etude du polymorphisme des marqueurs des systèmes sanguins chez la population du plateau de Beni Mellal. *First International Congress of Biological and Cultural Anthropology*, Monastir, Tunisia, pp. 45.

Chafik, A., Moundib, N., Barakat, A. et Rouba, H. 2003. Etude du polymorphisme moléculaire du marqueur SRY-8299 sur le chromosome Y chez des populations marocaines, arabes berbères et sahraouies. *3ème Congrès National de Génétique et Biologie Moléculaire*, Tanger, pp. 120.

Chafik, A., Moundib, N., Barakat, A. et Rouba, H. 2003. Etude du polymorphisme moléculaire du marqueur Yap sur le chromosome Y chez des populations marocaines arabes, berbères et sahraouies. *Proceeding du 26 colloque du GALF*, pp. 93.

Cavalli-Sphorza, L., Menozzi, P. and Piazza, A. 1994. *History and geographie of human genes.* Princeton University Press.

Errahaoui M. 2002. *Analyse anthropologique de la population berbère de la région de Ouarzazate. Etude des groupes sanguins et des dermatoglyphes.* Mémoire de DESA, sciences anthropogénétiques et biodémographiques, Faculté des Sciences El Jadida.

Fernandez-Santander, A., Kandil, M., Luna, F., Esteban, E., Gimenez, F., Zaoui, D. et Moral, P. 1999. Genetic relationships between southeastern Spain and Morocco: new data on ABO , Rh, MNSs, and Duffy polymorphisms. *Am. J. Biol.*, 11: 745-752.

Harich, N., Esteban, E., Chafik, A., Lopez-Alomar, A., Vona, G. et Moral, P. 2002. Classical polymorphisms in Berbers from Money Atlas (Morocco): genetics, geography and historical evidence in the Mediterranean peoples. *Ann. Hum. Biol.*, 29 : 473-487.

Kandil, M. 1999. Etude anthropogénétique de la population arabe du Maroc méridional (Abda, Chaouia, Doukkala et Tadla). Thèse d'Etat, Université Chouaïb Doukkali. El Jadida, Maroc.

Moral, P. 1986. *Estudio antropogenetico de diversos polimorfismos hematologicos en la isla de Manorca.* Tesis Doctoral, Universidad de Barcelona, España .

Mourant, A.E., Kopek, A.C. and Domaniewska-Sobkzak, K. 1976. *The distribution of the humain blood groups and other polymorphisms.* Oxford Univ. Press, London.

Nabulsi, A., Cleve, H. and Rodweld, A. 1997. Serological analysis of the Abbad tribe of Jordan. *Hum. Biol.*, 69: 357-373.

Saha, N., Bayoumi, R., El Sheikh, F., Samuel, A., El Fadili, El Houri I., Sebai, Z., Sabaa, H.M. 1980. Some blood genetic markers of selected tribes in Western Saudi Arabia. *Am. J. Phys. Anthropol.*, May, 52(4): 595-600.

Tills, D., Warlow, A., Mourant, A.E., Kopec, A.C., Edholm, O.G. and Garrad, G. 1977. The blood groups and other hereditary blood factors of Yemenite and Kurdish Jews. *Ann. Hum. Biol.*, 4: 259-274.

Tills, D., Kopec, A.C. and Tills, R.E. 1983. *The distribution of human blood groups and other polymorphisms.* Supplement 1, Oxford Univ. Press, London.

Wright, S. 1978. *Evolution and the genetics of population.* Vol. 4. Variability within and among natural populations, Chicago, University of Chicago Press.

Legal Medicine 11 (2009) 155–158

Contents lists available at ScienceDirect

Legal Medicine

journal homepage: www.elsevier.com/locate/legalmed

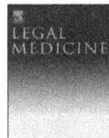

Announcement of Population Data

Allele frequencies of 15 autosomal STR loci in the southern Morocco population with phylogenetic structure among worldwide populations

Hicham El Ossmani [a,b,*], Jalal Talbi [b], Brahim Bouchrif [c], Abdelaziz Chafik [b]

[a] Genetics Laboratory of Royal Gendarmery, Avenue Ibn Sina, 10100, Rabat, Morocco
[b] Laboratory of Anthropogenetics and Phytopathology of Chouaïb Doukkali university, El Jadida, Morocco
[c] Laboratory of Molecular Biology of Pasteur Institut, Casablanca, Morocco

ARTICLE INFO

Article history:
Received 20 July 2008
Received in revised form 7 January 2009
Accepted 9 January 2009
Available online 13 March 2009

Keywords:
Arabic-speaking
Southern Morocco
STRs
Allele frequencies
Phylogenetic tree
AmpFl STR Identifiler

ABSTRACT

Polymerase chain reaction (PCR) amplification using the AmpFl STR Identifiler kit was performed in a random sample of 204 unrelated individuals from the Arabic-speaking population of the southern Morocco. Allele frequencies of 15 STRs loci (D13S317, D16S539, D2S1338, vWA, TPOX, D18S51, D5S818, FGA, D8S1179, D21S11, D7S820, D19S433, CSF1PO, TH01 and D3S1358) have been reported in this population. Markers D18S51, FGA, D2S1338 and D21S11 had the highest power of discrimination (PD) values while TH01 was the most informative locus in the studied population. The phylogenetic tree established among worldwide populations and genetic distance values show a great affinity between the Southern Moroccan population, Saudian, Moroccan of Asni and Andalusian. Our data is useful for anthropological and other comparative studies of populations and is powerful for forensic and paternity testing in the Arabic-speaking population of the Southern Morocco.

© 2009 Elsevier Ireland Ltd. All rights reserved.

Introduction: In view of their high level of variability, autosomal short tandem repeats (STRs) are very useful as markers in both disciplines of forensic and population genetics studies. These systems had proved their efficiency in terms of determination of relationships among related individuals and populations. In this study, we used 15 STRs of Identifiler kit to provide the allelic distributions in the southern Morocco population and estimate their forensic parameters. Further, these markers will allow us to search genetic similarities between the studied population and other populations that do not necessarily belong to the same biogeographical zone. In fact, making a phylogenetic tree will provide an idea about historical human migrations associated to this population.

Population information: Whole blood was collected from a total of 204 unrelated healthy donors from Arabic-speaking of southern Morocco, with ancestry traced back at least two generations.

DNA extraction: DNA was extracted following the standard protocol of phenol–chloroform extraction (Standard proteinase-K digestion followed by phenol–chloroform extraction and ethanol precipitation) [1].

PCR: PCR amplification of the 15 STR loci (D13S317, D16S539, D2S1338, vWA, TPOX, D18S51, D5S818, FGA, D8S1179, D21S11, D7S820, D19S433, CSF1PO, TH01 and D3S1358) was carried out using an AmpFlSTR Identifiler kit (Applied Biosystems, Foster City,

CA). All reactions were performed as described by the manufacturer using the recommended amount of DNA (0.5–1.25 ng) in a GeneAmp PCR System 9700 thermal cycler (Applied Biosystems, Foster City, CA).

Typing: Amplified products were analyzed with reference ladder using an ABI 3130xl genetic analyzer (Applied Biosystems, Foster City, CA). Analysis of data obtained from genetic analyzer was performed using GeneMapper software v3.5.

Statistical and phylogenetic analysis: For data analysis the Arlequin software package v3.1 [2] was used to assess Hardy–Weinberg equilibrium (HWE) using Fisher's exact test [3]. Several forensic parameters were also examined including power of discrimination (PD), polymorphic information content (PIC) and power of exclusion (PE) using the PowerStats program v1.2 [4–5]. STR allele frequencies of 14 worldwide populations previously published were introduced in the analysis to calculate genetic distance values using neighbor-joining (NJ) program within PHYLIP 3.67 software [6] (Table 1). Phylogenetic tree was built using MEGA v4 [19].

Access to data: Complete data can be acquired upon request to helossmani@yahoo.fr.

Results: Refer to Tables 2 and 3 and Fig. 1.

Other remarks: Table 2 shows that all markers have high PD values (>0.860). The highest values of PD and PIC were observed for D18S51 and the lowest ones were observed for CSF1PO. D2S1338 was the most powerful marker for paternity testing with the highest values of PE and TPI. The most polymorphic marker was TH01 with 19 alleles. Deviation from Hardy–Weinberg

* Corresponding author. Address: Genetics Laboratory of Royal Gendarmery, Avenue Ibn Sina, 10100, Rabat, Morocco.
E-mail address: helossmani@yahoo.fr (H.E. Ossmani).

1344-6223/$ - see front matter © 2009 Elsevier Ireland Ltd. All rights reserved.
doi:10.1016/j.legalmed.2009.01.053

equilibrium was observed after Bonferroni's correction in four markers (vWA, TPOX, D2S1338 and TH01).

Discussion: Four of the 15 studied markers present a deviation from Hardy–Weinberg equilibrium. Molecular definition of these markers could give an idea about the origin of this deviation. In fact, as we showed in our previous work, an unusual rate of mutations as well as possible genetic drift could be likely to change the allelic distribution in some loci but not in others [20]. Matrimonial behavior in this population could be also responsible of the observed disequilibrium. Actually, inbreeding in this population is about 22.79% with a rate of endogamy that reach 94.62% [21–22].

As shown in phylogenetic tree and confirmed by genetic distances in Table 3, population of southern Morocco seems to be nearest to the Saudian, Moroccan of Asni and Andalusian populations than the rest of northern African populations. Geographical proximity between southern Moroccan population and Asni's one, the installation of Arabs migrant from the Middle East and especially

Table 1
The worldwide populations introduced in the study.

Populations		Number
Northern Africa	Berbers of Bouhria «Morocco» [7]	104
	Berbers of Asni «Morocco» [7]	105
	Berbers of Siwa «Egypt» [8]	98
	Moslims of Adaima «Egypt» [8]	99
	Copts of Adaima «Egypt» [8]	100
Sub-Saharan Africa	Tutsi of Rwanda [9]	108–126
Middle East	Saudian [10]	94
	Iraqi [11]	103
	Iranian [12]	150
Eastern Asia	Chinese [13]	200
	Thai [14]	210
Europe	Andalusian [15]	114
	Natives of Spain [16]	342
	Belgian [17]	100
	Belarussian [18]	176

Table 2
Allele frequencies and medico-legal parameters of 15 STR in the population of Southern Morocco (n = 204).

Allele	D5S818	FGA	D8S1179	D21S11	D7S820	CSF1PO	TH01	D13S317	D16S539	D2S1338	D19S433	VWA	TPOX	D18S51	D3S1358
5.3	–	–	–	–	–	–	0.003	0.003	–	–	–	–	–	–	–
6	–	–	–	–	–	–	0.186	0.003	–	–	–	–	0.012	–	–
7	–	–	–	–	0.003	0.012	0.189	–	–	–	–	0.003	0.032	–	–
8	0.049	–	0.007	–	0.142	0.025	0.162	0.096	0.037	–	–	0.027	0.397	0.003	–
8.3	–	–	–	–	–	–	0.005	–	–	–	–	–	–	–	–
9	0.042	–	–	–	0.120	0.027	0.255	0.044	0.123	–	–	0.003	0.169	–	–
9.2	–	–	–	–	0.012	–	–	–	–	–	–	–	–	–	–
9.3	–	–	–	–	–	–	0.120	–	–	–	–	–	–	–	–
10	0.061	–	0.108	–	0.299	0.290	0.020	0.042	0.066	–	–	0.005	0.086	0.005	0.003
11	0.272	–	0.125	–	0.235	0.353	0.007	0.304	0.235	0.005	0.007	0.012	0.275	0.034	–
12	0.409	–	0.108	–	0.157	0.245	0.003	0.351	0.292	–	0.130	0.003	0.022	0.154	0.003
12.2	–	–	–	–	–	–	–	–	–	–	0.003	–	–	–	–
13	0.154	–	0.216	–	0.029	0.042	–	0.101	0.211	0.005	0.230	0.015	–	0.088	0.003
13.2	–	–	–	–	–	–	–	–	–	–	0.032	–	–	–	–
14	0.005	–	0.226	–	0.003	0.007	0.005	0.059	0.029	–	0.292	0.115	–	0.152	0.066
14.2	–	–	–	–	–	–	–	–	–	0.003	0.042	–	–	–	–
15	0.005	–	0.177	–	–	–	0.012	–	0.005	–	0.154	0.157	0.003	0.147	0.309
15.2	–	–	–	–	–	–	–	–	–	–	0.042	–	–	–	–
16	0.003	–	0.032	0.003	–	–	0.012	–	–	0.047	0.027	0.206	0.003	0.157	0.240
16.2	–	–	–	–	–	–	–	–	–	–	0.022	–	–	–	–
17	–	–	0.003	–	–	–	0.007	–	–	0.248	0.012	0.203	0.003	0.125	0.248
17.2	–	–	–	–	–	–	–	–	–	–	0.005	–	0.003	0.003	–
18	–	–	–	–	–	–	0.007	–	–	0.076	–	0.169	–	0.044	0.115
19	–	0.042	–	–	–	–	–	–	–	0.157	–	0.066	–	0.037	0.010
20	–	0.135	–	0.005	–	–	0.003	–	–	0.172	0.003	0.017	–	0.034	0.005
20.2	–	0.003	–	–	–	–	–	–	–	–	–	–	–	0.003	–
21	–	0.179	–	–	–	–	–	–	–	0.049	–	–	–	0.007	–
21.2	–	0.005	–	–	–	–	–	–	–	–	–	–	–	0.003	–
22	–	0.194	–	–	–	–	–	–	–	0.042	–	–	–	0.003	–
23	–	0.154	–	–	–	–	–	–	–	0.066	–	–	–	0.005	–
23.2	–	–	–	0.003	–	–	–	–	–	–	–	–	–	–	–
24	–	0.110	–	–	–	–	0.003	–	–	0.076	–	–	–	–	–
25	–	0.098	–	–	–	–	–	–	–	0.047	–	–	–	–	–
26	–	0.061	–	–	–	–	–	–	–	0.007	–	–	–	–	–
27	–	0.015	–	0.029	–	–	–	–	–	0.003	–	–	–	–	–
28	–	–	–	0.115	–	–	–	–	–	–	–	–	–	–	–
29	–	–	–	0.216	–	–	–	–	–	–	–	–	–	–	–
30	–	–	–	0.221	–	–	–	–	–	–	–	–	–	–	–
30.2	–	–	–	0.022	–	–	–	–	–	–	–	–	–	–	–
30.4	–	0.003	–	–	–	–	–	–	–	–	–	–	–	–	–
31	–	–	–	0.091	–	–	–	–	–	–	–	–	–	–	–
31.2	–	0.003	–	0.101	–	–	–	–	–	–	–	–	–	–	–
32	–	–	–	0.010	–	–	–	–	–	–	–	–	–	–	–
32.2	–	–	–	0.130	–	–	–	–	–	–	–	–	–	–	–
33.2	–	–	–	0.034	–	–	–	–	–	–	–	–	–	–	–
34.2	–	–	–	0.012	–	–	–	–	–	–	–	–	–	–	–
35	–	–	–	0.010	–	–	–	–	–	–	–	–	–	–	–
Ho	0.701	0.770	0.828	0.824	0.779	0.735	0.779	0.730	0.770	0.873	0, 809	0.804	0.681	0.824	0.774
He	0.728	0.863	0.834	0.856	0.797	0.730	0.825	0.760	0.795	0.862	0.817	0.846	0.731	0.880	0.770
P	0.128	0.004	0.011	0.009	0.188	0.063	0.000c	0.376	0.062	0.000c	0.007	0.000c	0.000c	0.011	0.052
PD	0.888	0.962	0.944	0.956	0.927	0.869	0.936	0.905	0.917	0.956	0.933	0.950	0.875	0.968	0.903
PIC	0.690	0.850	0.810	0.840	0.770	0.680	0.800	0.720	0.776	0.850	0.790	0.820	0.690	0.870	0.730
PE	0.430	0.544	0.653	0.643	0.561	0.485	0.561	0.477	0.544	0.740	0.616	0.606	0.400	0.643	0.553
TPI	1.670	2.170	2.910	2.83	2.27	1.890	2.270	1.850	2.170	3.920	2.620	2.550	1.570	2.830	2.220

Ho, observed heterozyosity; He, expected heterozygosity; P, exact test of Hardy–Weinberg equilibrium; PD, power of discrimination; PE, power of exclusion; PIC, polymorphic information content; TPI, typical pattern index; c, Bonferroni's correction.

Table 3
Nei's genetic distances among the populations.

	Moroccan of Asni (10^{-3})	Moroccan of Bouhria (10^{-3})	Egyptian of Siwa (10^{-3})	Moslims of Adaima (10^{-3})	Copts of Adaima (10^{-3})	Tutsi (10^{-3})	Thai (10^{-3})	Chinese (10^{-3})	Saudian (10^{-3})	Iraqi (10^{-3})	Andalusian (10^{-3})	Spanish (10^{-3})	Belarussian (10^{-3})	Belgian (10^{-3})
Southern Moroccan	2.609	6.387	3.848	4.697	6.990	14.261	5.776	5.962	2.235	3.594	3.049	3.355	6.545	4.988
	Moroccan of Asni	5.318	5.937	1.912	5.092	15.681	8.155	6.728	3.205	4.295	4.400	5.916	10.820	7.930
		Moroccan of Bouhria	5.340	6.676	9.984	23.401	5.521	6.252	4.904	3.944	7.071	8.219	11.736	9.133
			Egyptian of Siwa	5.838	8.812	15.786	2.819	4.559	3.474	4.782	6.380	7.786	12.477	8.876
				Moslims of Adaima	3.688	14.665	7.967	4.500	2.918	4.767	4.736	7.274	12.353	8.119
					Copts of Adaima	22.106	10.890	8.938	5.566	5.081	6.612	8.348	12.441	9.565
						Tutsi	23.085	16.006	13.755	17.893	13.704	22.532	25.123	18.996
							Thai	2.973	4.587	5.821	8.323	8.385	14.087	11.593
								Chinese	3.724	5.514	7.562	9.564	15.732	11.887
									Saudian	1.405	1.592	3.653	7.194	4.430
										Iraqi	2.765	5.061	7.579	5.581
											Andalusian	1.808	3.103	1.463
												Spanish	1.626	1.684
													Belarussian	1.303
														Belgian

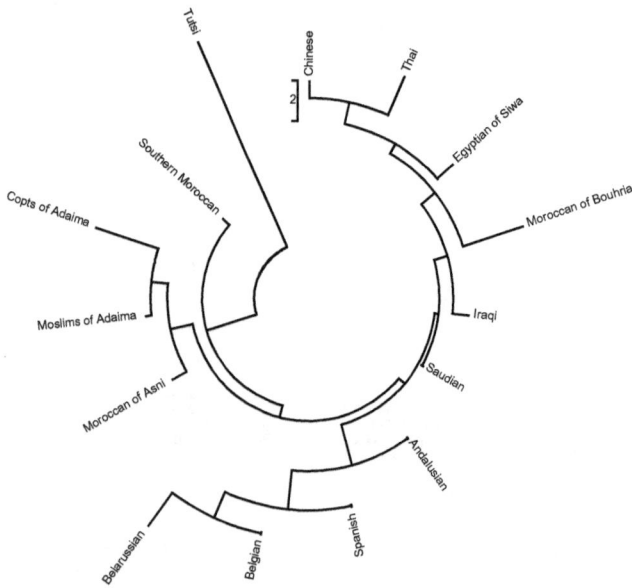

Fig. 1. NJ-phylogenetic tree of 15 STRs used in Identifiler kit.

from Saudian population in southern Morocco before conquering Andalusia, and the return of Arabs expelled from Andalusia in 1610 to southern Morocco area, may be an explanation for this affinity. Actually, Shepard and Herrara [12] found in a previous work that Andalusian and Arabs from Morocco bifurcate together away from the Berber population with a bootstrap value equal to 76%.

By comparison to Berber-speaking of Bouhria and those of Egypt, Arabic-speaking of southern Morocco population was relatively distant (Table 3 and Fig. 1). Geographical constraints may explain this limitation between these two linguistic groups. On the other hand, except the Moroccan population of Asni, Berber-speaking populations were closer to Asians and populations of Middle East. In fact, Myles and colleagues [23] suggest that contemporary Berber populations possess the genetic signature of a past migration of pastoralists from the Middle East and that they share a dairying origin with Europeans and Asians, but not with sub-Saharan Africans.

Conflict of interest

The authors declare to have no financial and personal relationships with other people or organizations that could inappropriately influence this work.

References

[1] Sambrook J, Russell DW. Molecular cloning: a laboratory manual. 3rd ed. Cold Spring Harbor, NY, USA: Cold Spring Harbor Laboratory Press; 2001.
[2] Excoffier L, Laval G, Schneider S. Arlequin ver. 3.1: an integrated software package for population genetics data analysis. Evol Bioinformatics Online 2005;1:47–50.
[3] Guo S, Thompson E. Performing the exact test of Hardy–Weinberg proportion for multiple alleles. Biometrics 1992;48:361–72.
[4] Tereba A. Tools for analysis of population statistics, profiles in DNA. Promega Corporation 1999;2:14–6.
[5] Brenner C, Morris J. Paternity index calculations in single locus hypervariable DNA probes: validation and other studies. In: Proceedings for the international symposium on human identification 1989. Madison, WI: Promega Corporation; 1990. p. 21–53.
[6] Felsenstein J. Phylogeny Inference Package (PHYLIP) version 3.67. Department of Genetics. Seattle, USA: University of Washington; 2007.
[7] Coudray C, Guitard E, Keyser-Tracqui C, Melhaoui M, Cherkaoui M, Larrouy G, et al. Population genetic data of 15 tetrameric short tandem repeats (STRs) in Berbers from Morocco. Forensic Sci Int 2007;167:81–6.
[8] Coudray C, Guitard E, El-Chennawi F, Larrouy G, Dugoujon JM. Allele frequencies of 15 short tandem repeats (STRs) in three Egyptian populations of different ethnic groups. Forensic Sci Int 2007;169:260–5.
[9] Regueiro M, Carril JC, Pontes ML, Pinheiro MF, Luis JR, Caeiro B. Allele distribution of 15 PCR-based loci in the Rwanda Tutsi population by multiplex amplification and capillary electrophoresis. Forensic Sci Int 2004;143(1):61–3.
[10] Alshamali F, Alkhayat AQ, Budowle B, Watson ND. STR population diversity in nine ethnic populations living in Dubai. Forensic Sci Int 2005;152(2–3):267–79.
[11] Barni F, Berti A, Pianese A, Boccellino A, Miller MP, Caperna A, et al. Allele frequencies of 15 autosomal STR loci in the Iraq population with comparisons

to other populations from the middle-eastern region. Forensic Sci Int 2007;167:87–92.
[12] Shepard EM, Herrara RJ. Iranian STR variation at the fringes of biogeographical demarcation. Forensic Sci Int 2006;158:140–8.
[13] Yang B, Wang G, Liu Y, Yang W. Population data for the AmpFl STR Identifiler PCR amplification kit in China Han in Jilin Province China. Forensic Sci Int 2005;151(2–3):293–7.
[14] Rerkamnuaychoke B, Rinthachai T, Shotivaranon J, Jomsawat U, Siriboonpiputtana T, Chaiatchanarat K, et al. Thai population data on 15 tetrameric STR loci-D8S1179 D21S11 D7S820 CSF1PO D3S1358 TH01 D13S317 D16S539 D2S1338 D19S433 vWA TPOX D18S51 D5S818 and FGA. Forensic Sci Int 2006;158(2–3):234–7.
[15] Coudray C, Calderon R, Guitard E, Ambrosio B, Gonzalez-Martın A, Dugoujon JM. Allele frequencies of 15 tetrameric short tandem repeats (STRs) in Andalusians from Huelva (Spain). Forensic Sci Int 2007;168:21–4.
[16] Camacho MV, Benito C, Figueiras AM. Allelic frequencies of the 15 STR loci included in the AmpFlSTR1 Identifiler™ PCR amplification kit in an autochthonous sample from Spain. Forensic Sci Int 2007;173(2–3):241–5.
[17] Decorte R, Engelen M, Larno L, Nelissen K, Gilissen A, Cassiman JJ. Belgian population data for 15 STR loci (AmpFlSTR SGM Plus and AmpFlSTR profiler PCR amplification kit). Forensic Sci Int 2004;139(2–3):211–3.
[18] Rebała K, Wysocka J, Kapinska E, Cybulska L, Mikulich AI, Tsybovsky IS, et al. Belarusian population genetic database for 15 autosomal STR loci. Forensic Sci Int 2007;173(2–3):235–7.
[19] Tamura K, Dudley J, Nei M, Kumar S. MEGA4: molecular evolutionary genetics analysis (MEGA) software version 4.0. Mol Biol Evol 2007;24:1596–9. Available from: http://www.kumarlab.net/publications.
[20] El Ossmani H, Bouchrif B, Talbi J, El Amri H, Chafik A. La diversité génétique de 15 STR chez la population arabophone de Rabat-Salé-Zemmour-Zaer. Antropo 2007;15:55–62. Available from: http://www.didac.ehu.es/antropo.
[21] Talbi J, Khadmaoui A, Soulaymani A, Chafik A. Caractérisation du comportement matrimonial de la population marocaine. Antropo 2006;13:57–67. http://www.didac.ehu.es/antropo.
[22] Talbi J, Khadmaoui A, Soulaymani A, Chafik A. Etude de la consanguinité dans la population marocaine. Impact sur le profil de la santé. Antropo 2007;15:1–11. http://www.didac.ehu.es/antropo.
[23] Myles S, Bouzekri N, Haverfield E, Cherkaoui M, Dugoujon JM, Ward R. Genetic evidence in support of a shared Eurasian-North African dairying origin. Hum Genet 2005;117:34–42.

www.ingramcontent.com/pod-product-compliance
Lightning Source LLC
Chambersburg PA
CBHW021050210326
41598CB00016B/1166